# 數位電子看板之創新服務實證研究

李瑞元　著

封面設計：實踐大學教務處出版組

# 出版心語

　　近年來，全球數位出版蓄勢待發，美國從事數位出版的業者超過百家，亞洲數位出版的新勢力也正在起飛，諸如日本、中國大陸都方興未艾，而臺灣卻被視為數位出版的處女地，有極大的開發拓展空間。植基於此，本組自民國 93 年 9 月起，即醞釀規劃以數位出版模式，協助本校專任教師致力於學術出版，以激勵本校研究風氣，提昇教學品質及學術水準。

　　在規劃初期，調查得知秀威資訊科技股份有限公司是採行數位印刷模式並做數位少量隨需出版〔POD＝Print on Demand〕（含編印銷售發行）的科技公司，亦為中華民國政府出版品正式授權的 POD 數位處理中心，尤其該公司可提供「免費學術出版」形式，相當符合本組推展數位出版的立意。隨即與秀威公司密集接洽，雙方就數位出版服務要點、數位出版申請作業流程、出版發行合約書以及出版合作備忘錄等相關事宜逐一審慎研擬，歷時 9 個月，至民國 94 年 6 月始告順利簽核公布。

執行迄今逾 3 年，承蒙本校謝董事長孟雄、謝校長宗興、劉教務長麗雲、藍教授秀璋以及秀威公司宋總經理政坤等多位長官給予本組全力的支持與指導，本校諸多教師亦身體力行，主動提供學術專著委由本組協助數位出版，數量已達 30 本，在此一併致上最誠摯的謝意。諸般溫馨滿溢，將是挹注本組持續推展數位出版的最大動力。

　　本出版團隊由葉立誠組長、王雯珊老師、賴怡勳老師三人為組合，以極其有限的人力，充分發揮高效能的團隊精神，合作無間，各司統籌策劃、協商研擬、視覺設計等職掌，在精益求精的前提下，至望弘揚本校實踐大學的校譽，具體落實出版機能。

實踐大學教務處出版組　謹識

中華民國 99 年 6 月

本研究依經濟部補助

財團法人資訊工業策進會

「98 年度服務導向機台開放平台軟體

發展計畫」辦理。

# 推薦序

　　「數位電子看板」已被面板業者視為重要應用市場，藉由軟體提供多元內容，也成為廣告工具新寵兒！資策會創新應用服務研究所於 2009 年提出之「數位看板創新廣告模式生活實驗室實驗案」的「服務導向機台與開放平台軟體發展計畫」，針對數位看板研發之前台互動技術與應用，透過即時觀看（顧客）偵測與分析，可偵測出觀看廣告的顧客的性別、人數、種族、臉部表情與肢體動作等，並透過分析，找出特定商品與對應顧客的關係，進而提供將來廣告推薦的基準。

　　為使研發之技術與應用能切合使用者需求（行銷單位、消費者、使用者等），資策會與實踐大學合作，以學生與社區居民為實證對象，於校園建構一個可與商家合作之數位看板互動應用之實證場域與服務實驗計畫。研究內容包含「使用者需求分析」、「商家需求分析」與「服務驗證分析」。「使用者需求分析」與「商家需求分析」係利用訪談內容及問卷調查的方式，透過統計的相關技術分析結果。創新服務驗證分析是以資策會所編著之《服務體驗工程方法》，簡稱 SEE（Service Experience Engineering）之「服務驗證」為架構，包括「服務模式設計」、「服務品質與服務績效分析」和「服務接受度分析」等構面。本計畫的實證結果分析，可幫助服務提供者（行銷單位或商家等），瞭解使用者需求、市場動向，和創造出符合顧客最佳服務體驗的新廣告模式。

　　很高興實踐大學李瑞元教授依目標、時程和內容規範完成此研究計畫，並將計畫成果集結成書，相信對學界和業界均有參考價值。也期望

繼續此學界、業界合作模式，透過實務應用與研究深化，大家攜手發展創新服務之特色！

資策會創新應用服務研究所所長

# 推薦序

　　搭乘高鐵往返台北高雄之際，抬頭一看前方的 LCD 螢幕，除了正播放著精采可期的《阿凡達》預告，螢幕旁還顯示列車到站時刻、天氣預報等訊息。讓忙碌的生活隨著科技的進展更加便利。

　　數位電子看板市場從 2003 年 5.5 億美元的市場規模快速發展，現已達 20 億美元的龐大商機，成長幅度高達 364%。電子數位看板已成為資訊時代中最新穎的「Adfotainment」（廣告 Advertising、資訊 Information、娛樂 Entertainment）整合應用平台。美、中、日在數位電子看板的開發上都有一定規模程度的發展，因此，未來台灣在發展數位電子看板的重要課題，包括如何與國外的廠商競爭和開發出更多創新服務等。

　　資策會創新應用服務研究所在「創新資訊應用研究四年計畫」，協助國內產業充分運用資通技術進行產品與服務創新，成效卓著。很高興瑞元在 2009 年下半年能參與資策會創研所之計畫，於校園建構一個可與商家合作之數位電子看板互動應用之實證環境，進行服務實證需求分析。計畫所作之使用者需求分析、商家需求分析和服務實證分析結果，相信對學界、業界均有所助益！

　　恭喜瑞元將此研究計畫之研究成果完整記錄，集結成書並發行出版！Well Done! Keep Going……

國立中山大學管理學院教授兼主祕

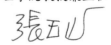

# 自序

　　自 2007 年初，與資策會、中山大學、日本松山大學和日本國立情報學研究所合辦 IT-enabled Services（ITeS）國際研討會後，很高興這三年來能持續與資策會創新應用服務研究所在教學互動上，探討最新之資訊科技發展趨勢，如 Web 2.0、Ubiquitous Computing 和 Device 2.0 等創新應用服務。在 2009 年下半年，很榮幸能參與資策會「數位看板創新廣告模式生活實驗室實驗案」之研究計畫，共同在實踐大學校園內建構一個數位電子看板創新服務實證環境，進行服務實證應用分析。

　　數位電子看板以多媒體和互動方式呈現效果，已逐漸取代傳統平面媒體看板市場；然而廣告主較難掌握經過之人流、實際觀看人數等重要資訊；本研究計畫針對數位電子看板之前台互動技術與應用，透過即時觀看顧客偵測和分析，提出新型態行銷互動技術應用和創新服務實證。創新服務與顧客導向是密不可分的，為使研發之技術與應用能切合使用者需求，本研究以學生與社區居民為實證對象，在校園內和誠品書店門市部合作，建構一個數位看板互動應用之實證場域。

　　現將計畫成果編輯成書之際，特別要感謝財團法人資訊工業策進會同仁：蘇偉仁組長、張育銓副組長、郭淑瓊研究員、鄭均彥工程師、和謝長泰工程師，對本計畫案之協助與支持，特別是張育銓副組長，感謝這幾年來之合作、溝通與聯繫；感謝實踐大學誠品書店門市部之合作，不但提供場地放置數位看板，誠品同仁每天定時開啟和關閉軟、硬體，以及定期更新數位內容；最後是本計畫研究助理，包括實踐大學資訊科

技與管理學系碩士班劉懿萱、程虹鈞和實踐大學企業管理學系碩士班彭群媛，感謝他們對計畫之認真付出和貢獻。

最後，說明本書的架構。本書共分六章，第一章為「緒論」，探討研究背景與動機、研究問題與目的、研究方法和研究流程。第二章「文獻探討」，包括數位電子看板產業趨勢探討、服務體驗工程方法簡介、科技接受模式和創新擴散理論介紹。第三章「使用者需求研究」，分析使用者對數位電子看板的使用知覺與使用意願。第四章「商家需求分析」，探討商家採用數位電子看板之使用意向，研究結果可提供商家作為未來經營策略、行銷活動設計之參考。第五章「服務實證分析」，包括服務模式設計、環境建構、服務品質與服務效率等構面。第六章「結論與建議」。

末了，本書各章雖經編校流程，然而可能尚有許多疏漏不足之處，個人也必須對此負起全責，並祈讀者不吝給予指正。

謹識

2010 年 6 月於實踐大學

# 目　次

# 圖 目 次

# 表目次

# 第一章　緒論

## 第一節　研究背景與動機

　　隨著數位時代來臨，不僅是電視、報紙和雜誌等傳統媒體全面數位化，廣告看板也進入數位化時代；在機場候機室、捷運月台、大賣場美食街或醫院候診室等，可以看到 LCD 看板已逐漸取代了傳統的平面靜態看板；如此的展現方式，不但讓消費者在觀看看板時，更加賞心悅目，也可將廣告或資訊內容做多樣化表現，這就是目前當紅的數位電子看板（Digital Signage）；數位電子看板已成現今廣告媒體的新寵兒，成為炙手可熱的推銷利器。

　　數位電子看板，又稱多媒體數位看板、窄播媒體（Narrowcasting）、LCD 電子看板或電子布告欄（Electronic Billboards），係利用數位顯示器為媒介，結合動態影像播放，所呈現出的新型態顯示器應用產品；數位電子看板可藉由數位影片、動畫、圖像與文字，與目標客戶在特定地點與特定時間溝通的平台；在此平台的幫助下，能將最即時的商品資訊直接傳遞給目標客戶群，藉由動態的多媒體表現方式吸引客戶的目光，觸發客戶的購買慾望，進而採取立即性的購買行動。

　　數位電子看板相較於傳統的靜態看板或布告欄，其優點是可以同時在一個或多個地點播放數位影像、廣告、或其他訊息等。如此藉著在同一畫面中同時播放多重區塊的能力，使得媒體內容能以更智慧的方式呈現；例如：針對特定觀眾在特定地點播放特別內容和資訊等。數位電子

1

看板顯示的動態多媒體影音內容，包括廣告行銷、休閒娛樂、或資訊公告等各方面，已為資訊傳播的最佳利器。

數位電子看板已被稱為「第五媒體」，與平面報章、電台、電視和網際網路並列稱之，或稱「第四螢幕」（另外三螢幕是電視、電腦、手機）（Wertime & Fenwick, 2008）。數位電子看板並非創新技術下的新產品，而是因應科技應用快速發展且硬體價格下降，所形成的創新媒體應用，因此能在關鍵應用市場茁壯。再者，為滿足廣告主能更接近消費者和在選擇媒體上的新訴求，因此，被視為媒體新成員的數位電子看板系統，能夠吸引看膩了傳統大眾媒體群眾的注意。

根據美國 Info Trends / CAP Ventures 的調查指出，數位電子看板市場在 2003 年只有 5.5 億美元產值，但預測至 2011 年將逾 35 億美元的規模，其成長幅度超過 630%。iSuppli 研究對全球數位電子廣告市場規模更是樂觀，從 2005 年起即以平均每年 3.5%的成長幅度成長，預期今（2010）年將取代傳統廣告，成為戶外廣告主要工具（數位家庭，2009）。日本富士總研也預測 2008-2013 年數位看板整機出貨複合成長率達 44% 如圖 1-1。由上述可知，全球皆一致看好這個產業（劉美君，2009）。

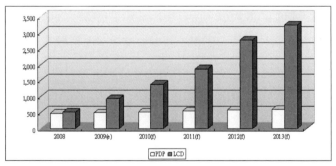

單位：千台

圖 1-1 2008-2013 年 Digital Signage 整機出貨趨勢

資料來源：富士總研；工研院 IEK（2009/07）

　　本研究之內容是依據資策會創新應用服務研究所提出之「數位看板創新廣告模式生活實驗室實驗案」的「服務導向機台與開放平台研發計畫」，以數位看板前台互動技術，進行服務實證研究。為使研發之技術與應用能切合使用者需求（行銷單位、消費者、使用者等），資策會與實踐大學合作，以學生與社區居民為實證對象，於校園建構一個可與商家合作之數位看板互動應用之實證場域與服務實驗計畫。

　　創新服務與顧客導向是密不可分的（廖則竣、陶蓓麗、陳巧雯，2006），本研究以使用者的感受為依歸，藉由播放於數位電子看板中的內容，希望提供使用者「即時、正確」的資訊，進而成為使用者心中的最佳傳播媒體；而服務提供者亦可藉由數位電子看板的實證結果，瞭解使用者的消費心態、市場需求與動向，和創造出符合顧客最佳服務體驗的新服務。

# 第二節　研究問題與目的

　　由於數位電子看板以其多媒體呈現效果，已逐漸取代傳統平面媒體看板市場，然而廣告主較難掌握經過之人流、實際觀看人數等重要的資料。本計畫針對數位看板研發之前台互動技術與應用，透過即時觀看顧客偵測與分析（real-time measurement and analysis），可偵測出觀看廣告的顧客的性別、人數、種族、臉部表情與肢體動作等，並透過分析，找出特定商品與對應顧客的關係，進而提供將來廣告推薦的基準。

　　本研究主要係針對數位電子看板互動技術服務驗證分析，內容包含「使用者需求分析」、「商家需求分析」與「服務驗證分析」。為使研發

之技術與應用能切合行銷單位、消費者、使用者等需求，研究以學生與大直社區居民為實證對象，並與實踐大學誠品書店門市合作，建構數位看板互動應用之實證場域與服務實驗計畫。

# 第三節　研究方法

本研究設計規劃三個方向進行：包括「使用者需求分析」、「商家需求分析」與「服務驗證分析」探討。

「使用者需求分析」與「商家需求分析」係利用訪談內容及問卷調查的方式。

1. 以科學方式篩選出高信度的訪談內容及問卷結果。
2. 透過統計的相關技術來分析訪談內容及問卷結果。
3. 最後再交互比對不同受訪對象的分析結果。

「服務驗證分析」是以「服務體驗工程方法」（資策會創研所，2008）之「服務驗證」為架構，包括數位電子看板「服務模式設計」、「服務品質與服務績效分析」和「服務接受度分析」等構面分析。

## 一、數位電子看板服務模式設計

包括系統架構、系統模組和服務驗證環境設計。係資策會與實踐大學以及誠品書店實踐大學門市合作，以實際提供數位電子看板與播放系統並由誠品書店實踐大學門市提供播放內容，建構出一個數位電子看板的實體環境，如圖 1-2。

實踐大學誠品門市合作說明

· 本案由資策會以及實踐大學免費提供設備及服務予誠品實踐大學單點門市進行合作測試。
· 數位看板廣告內容提供誠品以及誠品門市樓上商家相關活動資訊進行輪播。並就多少人觀看、駐留時間、觀看者性別等資訊提供誠品進行參考。
· 具體執行方式：本研究案之設備包含 42 吋液晶螢幕、商用電腦、以及 Web Cam 各一，配置於誠品正門或後門之玻璃帷幕後（螢幕朝外，如左圖），研究生會不定時以問卷訪談方式與觀看的學生等進行訪談。
· 研究成果將提供誠品參考，作為行銷效應分析之用，對於門市內部既有播放的多媒體產品之液晶電視亦可整合。

· 本合作案不涉及誠品營運資訊。
· 合作地點：誠品實踐大學門市。
· 合作期間：2009/7/1-2009/11/30。

圖 1-2　實踐大學誠品門市合作說明

## 二、數位電子看板服務品質與服務績效分析

依據數位電子看板之前台互動技術與應用，透過即時觀看，偵測出觀看廣告的顧客的性別、人數等，並加以分析服務品質與服務績效。

## 三、數位電子看板服務接受度分析

此部分採用實驗調查法，於問卷發放前先進行數位電子看板的介紹與說明，並實際觀看數位電子看板的服務，依自身的觀感來填寫問卷。

再以科學方式篩選出高信度的訪談內容及問卷結果，透過統計的相關技術來分析訪談內容及問卷結果，最後再交互比對不同受訪對象的分析結果。

## 第四節　研究流程

本研究主要可以區分為三大部分，分別為「使用者需求分析」、「商家需求分析」與「服務驗證分析」。首先確定研究方法與主題後，根據研究動機與目的蒐集相關文獻並且加以整理之，透過文獻探究等方式釐清相關理論概念包含「科技接受模式」、「創新擴散理論」與「服務體驗工程方法」等研究方法。

接著針對欲研究之三大部分「使用者需求分析」、「商家需求分析」與「服務驗證分析」繪製出研究架構，藉由研究架構設定變數之間的研究假設，與整個研究的分析方法。

之後，參考國內外文獻發展出調查問卷，根據本研究之目的作修正，產出正式問卷。其後將所蒐集的資料整理並以統計方法分析研究數據資料。最後驗證本研究之假設的結果，撰寫出研究結論，並且提出相關的建議。

本研究流程圖如圖 1-3 所示。

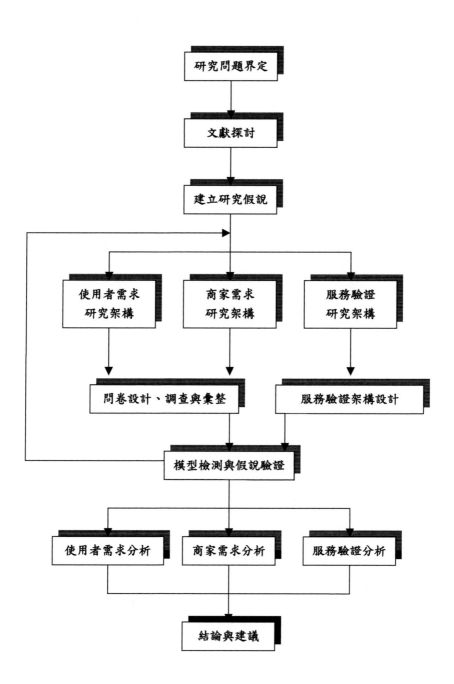

圖 1-3 研究流程

# 第二章　文獻探討

## 第一節　數位電子看板

　　數位電子看板之應用已融入在每個人日常生活中，以個人的一日生活觀察為例，早上在捷運站等捷運時，站台前 42 吋數位看板正播放著列車資訊及電影預告片，沒多久列車便進了站，在車廂內、車門上都已裝設站名顯示的 LCD 螢幕；出了站到便利商店買份報紙，在櫃台的端點銷售系統（POS）結帳後，便快步走向辦公室開始一天的工作。下班後到餐廳聚會，服務生拿著與後端廚房連網的手持式面板系統快速完成點菜服務；回家的路上想著早上看到的電影預告片，該打電話約約死檔周末過個輕鬆悠閒的日子。正如電影「關鍵報告（Minority Report）」的情節一樣，數位電子看板將會帶領人們進入科技生活大未來（數位生活，2010）。

## 一、數位電子看板定義

　　數位電子看板，又稱多媒體數位看板、窄播媒體（Narrowcasting）、電子布告欄（Electronic Billboards）、或液晶電子看板，係利用數位顯示器為媒介，結合影像播放與靜態圖片展示的新型顯示器應用產品。其代表即時、動態（Dynamically changing）、以及數位化的多媒

體影音中之創新傳送型態（Multi-media distribution）（張芬瑜，2005）。

數位電子看板結合數位科技應用的動態性與戶外廣告的功能性，包含影音性、多元性、地理性、即時性、分眾性與存在性等優勢（陸佩芝，2009）。

(一) 影音性：結合高品質的影片、動畫、圖像與文字（Tullamn, 2004）的多媒體看板，可在不同地點及時間與目標客戶溝通及互動的看板平台。

(二) 多元性：可協助業者和系統管理者透過網路，快速播放與更新所有連接上系統的數位電子看板（Rycroft & Kash, 1999）。另外，為吸引客戶的目光，藉由動態的多媒體表現方式，觸發客戶的購買慾望，進而刺激購物的即時購買效果。

(三) 地理性：數位電子看板提供最即時的資訊直接傳遞給目標客戶群，因此可放置在任何靠近消費點的地方，所提供的廣告可以貼近群眾的需求。

(四) 即時性：數位電子看板是以數位播放方式，提供多樣性與即時性的數位內容（Wilson, 2004）；相較於傳統平面看板，其提供方便、簡單更新設定，無須繁雜的工程施作。

(五) 分眾性：不同於一般電視節目的大眾傳播，數位電子看板適用於利基市場的小眾傳播。是一種可以針對特定對象達到因地制宜（Site-Specific）、即時（Real-time）、互動（Interactive）等的傳播行銷工具。

(六) 存在性：無處不在的數位電子看板提供各式各樣的訊息與廣告，讓消費者有意識或無意識的收看，達到潛在提醒消費者的效果。

## 二、數位電子看板發展與現況

數位電子看板概念的發展沿革，最早可追溯到電視牆（Videowalls）或零售業電視網（retail TV）的使用；根據美國零售業者研究發現，消費者在店內決定購買商品占 70%～80%，且直接影響消費者的購買決策，是藉由電視牆重複播放廣告內容所結合的賣場促銷商品。再者，50%之消費者會注意動態性有聲音和影像的電視畫面。

常用之數位電子看板播放器材包括電漿電視、LCD 顯示器、投影機等，而其未來發展趨勢也以 LCD 顯示器的成長性最大。圖 2-1 即為使用 LCD 顯示器作為數位電子看板應用實例。

圖 2-1　數位電子看板應用實例

數位電子看板已與平面報章、電台、電視和網際網路並列，被稱之為「第五媒體」或「第四螢幕」（另外三螢幕是電視、電腦、手機）

（Wertimen & Fenwick, 2008）。表 2-1 為目前五大媒體之比較，針對型式、傳播方式、內容、強制性與適用特性進行比較。

表 2-1　五大媒體比較表

|  | 第一類 | 第二類 | 第三類 | 第四類 | 第五類 |
|---|---|---|---|---|---|
| 型式 | 平面刊物 | 電視 | 廣播 | 網際網路 | 電子看板 |
| 傳播方式 | 報章雜誌 | 無線、有線衛星 | 收音機 | 入口網站、電子信件 | LED、LCD、電視牆 |
| 傳播內容 | 圖片／文字 | 影片 | 聲音 | 圖片／文字／多媒體 | 圖片／文字／影片／多媒體 |
| 強制性 | 低 | 低 | 低 | 中 | 高 |
| 適用特性 | 形象廣告產品資訊 | 形象廣告 | 產品資訊 | 形象廣告產品資訊 | 產品資訊即時促銷 |

資料來源：陸佩芝（2009）

　　由表中可看出，數位電子看板在播放內容的豐富性、多元性與商品宣傳的強制性以及播放的特性中，相較於其他四種媒體皆有較為傑出的表現。

　　2009 年 1 月 8 日美國最大型的拉斯維加斯消費電子展（CES）中，幾乎所有國際大廠都以大規模的方式展示數位電子看板，其中包含了 SHARP、Panasonic、LG 等。數位電子看板市場，也被面板業者視為繼液晶電視之後大尺寸顯示器重要的應用市場（數位家庭，2009）。

　　針對數位電子看板的發展，Raymond 於 2005 年提出下列幾點重要的考量因素（Raymond, 2005）：

## （一）看板傳遞內容為其關鍵

　　相較傳統看板，數位電子看板呈現多樣性內容特色。傳統看板所呈現的內容必須善用其空間的限制，製作簡單、易懂及吸引消費者目光的

看板內容。同樣地，數位電子看板針對傳遞內容亦面臨此項考驗，但因其內容資訊可以隨時更新，藉此不斷給予消費者新的刺激，增加產品印象以保持消費者的興趣。

## （二）看板建制能見度與整體美感

由於數位電子看板的傳播媒介是數位顯示器，其會受到室內光源、亮度、及可視角度等外在因素的影響，因此，為避免受到干擾而影響收視效果，故在擺放看板時應考量擺設位置以增加能見度。

## （三）適時的傳遞資訊

為迎合消費者之需求，數位電子看板之內容，可依時間、地點，播放不同內容。因此，在安排各時段播放內容時，應先做好客群調查的事前工作，以適切的傳達資訊。

## （四）設備的穩定度

由於數位電子看板播放之內容多樣化與即時性，因此能受到消費者的青睞，但若看板設備的穩定度不佳，展示時發生看板本身故障或是斷訊等情況，將會使消費者產生負面的影響，進而拒絕收看內容。

## （五）購置及管理成本考量

雖然數位電子看板硬體價格下降，但在購置數位電子看板所需總成本，包含事前的購置成本與事後的維護成本；購置成本包含硬體設施以

及軟體系統的相互配合，加上人員訓練及維護工作等。故店家或是企業在使用前皆需考量是否能負擔其成本的支出。

## 三、數位電子看板功能

數位電子看板的應用範圍相當廣泛，以功能與服務大致可歸納為以下幾類：

### （一）數位廣告展示

傳統的平面廣告，較無法滿足現在的消費者，且廣告商無所不用其極，希望吸引消費者的目光，達到傳遞訊息且刺激消費的目的；因此數位電子看板成為最好的廣告應用媒介，提供動態廣告內容、促銷方案、特賣產品資訊等；數位電子看板已廣泛運用在大賣場、超市、藥局、速食店餐廳等地。

### （二）公共資訊看板

遍布於機場、捷運站、公車、電梯、醫院、百貨公司等公共領域，主要應用在資訊發布與即時訊息更新、遊客導覽或新聞、廣告、氣象等。

### （三）企業溝通平台

數位電子看板是企業對外溝通的最好橋樑，最適於傳遞企業資訊，如銀行的即時匯率或企業廣告、產業即時訊息、和股市交易站的股市新

聞等；許多企業也用於內部訊息公告、遠距教學、數位學習系統、企業員工培訓數位課程（黃武元、葉道明、楊敦州，2004）。

## （四）互動式數位看板

提供店家與消費者之間的溝通平台，和供給消費者選擇想看或想瞭解的訊息。以前都是單純的由媒體給什麼訊息，消費者就全盤接收；然而，現在這樣單向的訊息已經無法滿足消費者的需求；Web2.0 概念興起，資訊流由單向轉成雙向溝通，再加上新一代的消費和生活形態也漸已改變，產生互動式消費形式。

例如，7-11 的 IBON 機器（如圖 2-2），除了提供查詢還有購票系統、換駕照，亦提供列印及下載的服務。除了 IBON 之外，亦有許多家廠商也在一些消費定點提供查詢會員卡資訊的機器供消費者查詢相關訊息，甚而還提供遊戲功能服務，以服務更多社會大眾。

圖 2-2　IBON 機器

資料來源：7-11（http://347.learnbank.com.tw/signup/711-manual.php）

數位電子看板提供多元的產品相關訊息，除可吸引消費者目光，並有助於排除消費者的疑慮，以增加消費者購買的慾望。部分企業主為充分利用資源，與其他組織達成互惠協議，一同在數位電子看板平台上分享資源，甚至有的組織視該看板為一資產，販售播放時間供以賺取利潤（Harrison & Andrusiewicz, 2003）。

## （五）數位相框

數位電子看板除有大型戶外看板尺寸外，為貼近消費大眾生活所需，尚推出小型的數位相框以滿足實用與廣告需求。

## （六）醫療用途

在結合醫療的用途上，讓醫生做即時及適當的診療，例如，現在照完 X 光後，即可透過網路回診療間看到剛拍攝的結果，如此大大的提昇醫療品質。

此外，為協助醫生做更精細的診斷，高畫素的醫療顯示器也大有助益。在醫療方面的應用，如行動醫療車，結合 MINI PC、觸控螢幕和通訊模組，提昇醫生診療服務。另外，在候診室也可看到大螢幕的衛生教育等相關影片，也是既有效率且實用的應用。

傳統行銷方式不外乎透過報章、雜誌、傳單、電子媒體或是戶外看板等方式，行銷產品。為貼近群眾並給予即時和直接資訊，數位電子看板常設置於人群聚集場所，如公共場所、捷運、餐廳等。數位看板包含了多個區塊顯示功能，如時間、氣象、列車資訊、周邊商家廣告訊息等一起顯示，再加上聲音、影片等，集眾多媒介元素於一體，使得數位電子看板成為當紅廣告行銷媒體。

數位電子看板應用的層面相當的廣泛，以下是最常見的應用：

1. 大眾資訊：如新聞、天氣、當地交通狀況等資訊。

2. 廣告應用：在特定地點、時間或場所播放動態或靜態廣告。

3. 品牌行銷：放置品牌標示行銷品牌，如日本 NTT 推出散發香水香氣的電子看板。

4. 顧客行為影響：放置多元與多樣看板內容，使顧客願意停留更長時間觀看，增加互動，使顧客從互動中得到經驗和增加新知。

5. 環保與強化環境美觀：節能減碳環保概念，數位看板強化效果。

　　數位電子看板的國際面板廠，近年來也相繼推出各種創新應用（陳巧雲，2009），如：Samsung 於自動販賣機上加置紅外線感測裝置，偵測性別並推播不同的廣告內容；日本 NEC 則是於商場入口裝置看板，記錄進出人次，並根據顧客觀看的時間與距離區分觀看行為，並可將偵測到的人群區分成不同的屬性，以此分析廣告效果、顧客屬性及廣告效益；美國的 Ralph Lauren 於麥迪遜大道店門口加裝 67 吋觸控螢幕，讓消費者在商店打烊後同樣能享受購物的樂趣，如圖 2-3。

圖 2-3　Ralph Lauren 觸控式數位看板

資料來源：Ralph Lauren

# 第二節　服務體驗工程方法
## （Service Experience Engineering, SEE）

現在是個以顧客至上的服務時代（劉軒佑等，2009）。業者除需體察與洞悉顧客需求外，更須在競爭激烈的現代經濟中發現藍海，尋求創新。創新提供附加價值並創造與競爭對手服務差異化的優勢（Porter, 1980; Schumpeter, 1994）。為了因應業界的創新需求，資策會創研所執行經濟部技術處委託的「創新資訊應用研究科技專案計畫」，於 2007 年與歐盟第一大研究機構，德國 Fraunhofer IAO 研究所合作，技術引進創新服務設計與發展的研發方法，再融合美國 IDEO 公司在服務體驗設計的經驗，並於 2008 年綜整分析創新服務發展的實務經驗與 Know-how，特別是針對台灣製造業及服務業的研發活動與服務實例，提供一套適用於台灣產業界發展設計創新服務的架構：服務體驗工程方法（Service Experience Engineering），簡稱 SEE 方法（資策會創研所，2008）。

## 一、服務體驗工程架構

服務體驗工程方法論是服務研發工作的流程模型，這個流程模型包含了三大階段（Phase）分別為：趨勢研究（Foreseeing Innovative New Digiservices, FIND）、服務價值鏈研究（Innovation Net, InnoNet）、服務實驗（Design Lab），如圖 2-4。服務體驗工程方法論在此架構下將創新服務發展所必須面對的相關議題以及可供利用之方法、工具或模型進行系統化的彙整。

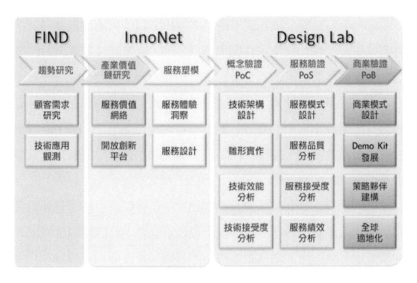

圖 2-4　服務體驗工程方法（SEE）架構圖

資料來源：資策會創研所（2008）

　　FIND 主要是針對消費者及環境面的趨勢性研究，Innovation Net 專注於產業價值鏈以及服務塑模，Design Lab 則專司服務可行性的驗證。這是一個階段模型，這個模型的特色是以線性順序將每個流程步驟相繼完成，每個階段都有其互相關聯性，也就是說，上個階段的完成是下個階段的啟動條件。以下說明各階段的內容。

（一）FIND

　　一個新服務的發展首要工作是進行創意蒐集與分析的研究。實作經驗顯示，一般企業通常對新服務擁有足夠的創意，但真正困難之處是如何執行系統化的尋找、蒐集並研發創意。服務體驗工程方法即是協助發展新服務的企業進行系統化的創意蒐集與研究。

本階段分為二個研究活動：顧客需求研究與技術應用觀測研究。在顧客需求研究活動包括需求探索與商機預測。對要發展新服務的企業而言，掌握客戶需求不僅是開發新服務與產品的關鍵，也是維持既有產品在市場價值競爭力的要素之一。這個研究活動從客戶的購買行為、滿意度分析等觀點探索客戶的需求，到市場區隔及產品定位，循序漸進讓企業掌握新服務的商機，最後產出新服務商機的描述結果，協助企業形成發展新服務時的市場策略。

第二個研究活動為技術應用觀測研究。要發展新服務的企業需要藉由這個研究活動替換分析，評估技術發展對社會、經濟相關環境面的衝擊。技術應用觀測研究增進企業決策的品質，並協助以下特殊項目：找出技術不可能超越的性能極限；對技術進步的速度有效掌握；分析可供選擇的其他方案；估計可能達到的成功機率；提供是否繼續投入某個技術研發計畫的參考指標或預警徵兆；預測提供決策者迫切需要的資訊等。

FIND 階段，主要進行的是從研究大環境趨勢的發展找出消費者需求或潛在的商機。透過研究資訊技術的發展趨勢或人口等大環境趨勢，進行創新服務的創意蒐集，進一步加以具體化並評估過濾的過程。最主要目的是決定一個新服務的創意可行與否。為節省新服務的研發成本，以及確認新服務的市場接受度，必須針對新創意的可行性及市場潛力儘早做評估與調查。FIND 階段的研究結果就是產出成功率高、可行性高的新服務創意。接著下來就是進入創新服務的研發工作。

## （二）Innovation Net

SEE 方法論中的第二個階段為創新服務價值鏈研發階段，分為產業價值鏈研究與服務塑模二個程序（Stage）。

產業價值鏈研究重點為提供企業規劃出新創服務產業價值鏈的作法。創新的服務很難由單一業者完成，服務的提供可以涉及到硬體設備、軟體整合或其他異質、同質業者，且新服務的推展可能會面臨相關的技術議題，業者需要尋找適合的合作夥伴，以便組成新創服務產業價值鏈來滿足消費者的需要。新創服務產業價值鏈的界定，可透過專家座談會、業界訪談等出版資料的蒐集彙整，歸納各專家學者的意見，研擬出一個可行的作法，亦可從過去的產業分析報告、成功個案分析等資料，來獲取資訊進行分析評斷，進而規劃出可行的服務模式。產業價值鏈研究階段除了界定出新創服務產業價值鏈的組成企業外，也會完成新創服務的雛型描述，作為服務塑模階段的輸入資料。

Innovation Net 階段的第二個研究活動為服務塑模（Service Modeling）。在服務塑模階段有兩個主要工作，一是進行服務體驗需求洞察，二是進行工程化的服務設計。服務體驗需求洞察，旨在深入使用者的日常生活，發現使用者真實的需求和偏好，用來啟發服務設計者的靈感，作為創新服務的起始點。讓顧客對產品有令人印象深刻的體驗，成為服務設計的核心工作。在工程化的服務設計上，是以服務產品模型、服務流程模型及服務資源模型等三大模型的設計為核心。在服務發展專案中，先發展服務產品模型以產出服務規格，並透過服務流程模型進一步確認服務中的流程設計，最後則以服務資源模型定義服務在實作與維持運作上所需的各種資源。而完成的三大模型便可作為日後進行服務實作時的藍本，由服務實作團隊依此將服務實現。

## （三）Design Lab

在服務正式建置與上市之前，必要的措施是服務實測，而實測的結果可作為最後調整的基礎，也是服務正式上市前最後把關措施。整個測

試的重點是加入「使用者」的參與。如果在上市之後才發現必須進行改善的話，將會導致高成本與企業形象損失。這種測試的優點，就是在測試階段執行結束後，能確保新服務在最小的風險前提上，推向市場。

為增加服務的可行性與接受度，服務實驗是服務進入市場前的重要工作。SEE 方法強調透過系統化建構服務的生活實驗室（Living Lab）作法來進行服務的驗證。根據歐盟的研究，生活實驗室是建構未來經濟模式的一種新的創新系統。它的要素是以真實的生活環境中的用戶為中心，進行研究和創新。所以，用戶的參與是很重要的特色，而更重要的是其參與發生在實際生活的應用當中。因此，在服務實驗中如何保證用戶的參與，以及如何確保用戶參與的成效與便利，是 SEE 方法第三階段 Design Lab 實施時的重點。

這些服務研發活動要有相應的方法。在此階段服務實驗工作可分為概念驗證（POC）、服務驗證（POS）與商業驗證（POB）三類。以下逐一說明。

### 1. 概念驗證（Proof of Concept, POC）

以資訊技術為驗證主體，概念驗證是其中證明該資訊技術可行性的一個過程。當我們要在現實生活中，具體應用某一種資訊技術的時候，無可避免地，會對它的可行性有所存疑。因此在概念驗證中，重點是進行技術等設備的測試，此目的是為了要證明此技術是否在未來可以推廣。

### 2. 服務驗證（Proof of Service, POS）

服務驗證的重點，是針對企業想提供給消費者的服務特性與模型進行客觀且可被測量的驗證工作。該階段重點為服務接受度測試與使用者測試。整個服務概念驗證過程分為關鍵驗證服務模式設計、服務驗證環境建構、使用者接受度、服務品質與服務效率五大部分進行。

### 3. 商業驗證（Proof of Business, POB）

商業驗證的重點為商業模式評估、發展募集資金所需要的 Demo Kit 及建構策略夥伴。保證使用者對於商業運作模式的接受度，以及商業運作的可行性。

## 二、服務體驗工程創造之機會

服務體驗工程強調將顧客視為發展過程中的共同設計者，並藉助有效率且實用的服務工程方法系統化的發展高創新、專位顧客且成功的服務。

近年來，產業界與學術研究界將系統化的服務創新發展研究列為優先研究位置（Spohrer & Maglio, 2005、Venkatesh & Morris, 2000）。美國是服務產業發展的先驅，很早即著手進行「服務設計」或「服務發展」。此議題在以往的經濟及工程科學研究上，只注重在新服務研發的重要性，卻缺乏具體作法的探討，也沒有重視企業實作策略及營運管理（Hsiao & Yang, 2008）。新服務的開發通常沒有進行策略性的目標考量，也沒有系統化的研發流程，大多數還是從傳統沿襲或試圖開發機緣的結果（Fahnrich, et al, 1999）。

服務的發展在實務上缺乏適合的操作模式、方法、工具和組織結構，這也是「服務工程」這個新專業出現的主要原因。服務工程是善用模型、方法、工具進行設計開發服務產品的一套系統方法（Bullinger, Fahnrich, & Meiren, 2003）。服務工程專注的重點包括個別的服務發展與服務發展過程的管理程序與機制。因此，服務工程包含個人化服務層面與管理層面。前者為一個視類型和情況而定的操作模式、方法及工具；後者關注的是企業的服務發展系統，並提供一個發展流程作為參考。

　　總結來說，服務工程的主要目標是發展出符合顧客及員工需求且高品質的服務產品。系統化服務發展的目標，是為了透過有系統、有結構的流程方式與方法技術的應用，將企業的策略、概念創意、市場需求皆加以系統化，轉化成一個可成功上市的商品。藉由服務工程的觀點進行系統化的服務研發設計，可以事前發現並避免很多問題。

　　對企業而言，瞭解服務研發的進行方法與方式，具備以下之優點：

(一) 提昇競爭優勢：藉由創新服務提供差異化，擁有獨賣特點。

(二) 依照目標建立並擴展商務範圍：在創意發想及創新實現之間，透過服務研發流程進行作業連結。

(三) 提高市場成功率：有系統的納入顧客看法及市場。

(四) 經濟效益性：配合市場價格及目標成本。

(五) 縮短新服務產品導入市場的時間（Time-to-Market）：縮短新服務產品的研發時間，加速新服務產品之上市。

(六) 知識管理：服務研發專案之間的知識轉移。

　　服務體驗工程方法從跨領域的結合中產生價值，除資訊科技、管理、工程等領域外，其他如設計、心理學甚至人類學等在「人」以及「體驗」上著墨更深的領域，也整合融入至服務體驗工程當中。因此，未來多元化的發展是可以期待的。

## 第三節　科技接受模式

　　科技接受模式（Technology Acceptance Model, TAM）是 Davis（1989）以 Fishbein 和 Ajzen（1975）提出的理性行為理論（Theory of Reasoned Action, TRA）為理論基礎，為探討科技之使用者行為意圖的最佳理論之

一，目的在解釋一般廣泛使用電腦技術與使用者族群的使用行為。本節主要探討這些理論，同以使用者採用科技之接受度出發，分別對理性行為理論、科技接受模式、修正科技接受模型及本節結論等部分作介紹。

## 一、理性行為理論

理性行為理論（Theory of Reasoned Action, TRA）的基礎源自社會心理學，焦點特別集中在使用者對資訊科技的行為意圖而發展出的模型，從使用者的理性與感性因素，探討使用者與科技使用的關係，目的是希望能普遍地用於解釋或預測科技使用行為的各項影響因子。根據理性行為理論，個人的某些特定行為表現是由其行為意圖（Behavioral Intention）所決定，而行為意圖又由個人的行為態度（Attitude toward Behavior）和主觀規範（Subjective Norm）所共同決定，三者有依存關係，如圖 2-5。

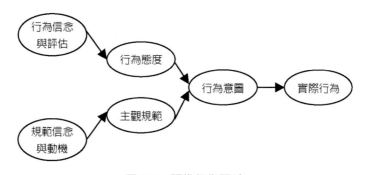

圖 2-5　理性行為理論

資料來源：Ajzen & Fishbein（1980）

在理性行為理論中，「行為信念與評估」意指個人認為實行某行為會有正向的結果，則其態度是正向的；反之，亦為負向的。「行為態度」指

25

的是個人在特定行為表現時所擁有的正面或負面感覺；「規範信念與遵從動機」是個人對他人的順從意願。「主觀規範」指其他人針對特定行為，認為當事人應該做或不做的看法，而這些相關人士對當事人而言是重要的，當主觀規範愈高，則行為意圖愈高。反之，當主觀規範愈低，則行為意圖愈低；「行為意圖」是指個人針對特定行為所展現出來的意圖強度。

## 二、科技接受模式

科技接受模式（Technology Acceptance Model, TAM）是 Davis 於 1986 年修正理性行動理論（Theory of Reasoned Action, TRA）所發展出的模式，其主要被應用於瞭解使用者採不採納新技術的行為。

科技接受模式主張行為是由行為意圖所影響，而行為意圖是由使用態度與知覺有用性所影響，使用態度又受到知覺有用性與知覺易用性所影響，模式中還包含外部變數（External Variables），外部變數會間接影響使用者的行為意圖，其模型如圖 2-6。

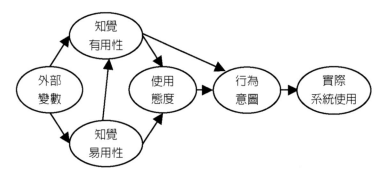

圖 2-6　科技接受模式

資料來源：Davis, F. D.（1986）

　　科技接受模式提供用以瞭解影響使用者的外部變數對內部信念、態度與意圖之間的關係，提出兩個影響使用者接受科技行為的態度決定因素，即知覺有用性（Perceived Usefulness, PU）及知覺易用性（Perceived Ease of Use, EOU），再透過其對使用態度與使用意圖的影響，然後產生使用行為。科技接受模式中的構成因素如下：

## （一）外部變數

　　主要表示所有潛在可能影響使用者採用科技的因素。包括任務特性、系統設計特性與開發型態、使用者的認知與涉入、組織結構與環境因素等，這些外部變數均可能透過使用者的知覺有用性與知覺易用性，間接影響到使用者的內部信念。

## （二）使用態度

　　意指使用者對於使用一個特定科技來執行某項目標所抱持正向或負向的態度。態度會受到對此目標所抱持的信念影響，所謂的信念是指個人對實行該行為後會有何結果的主觀認知，包括認為使用此系統將會提高工作表現，或是使用後將會造成時間的浪費等等。

## （三）知覺易用性

　　意指使用者對新技術或新知識的認知，容易使用的程度。一個被使用者認為較容易使用的新技術，其克服障礙程度相對較少，因此使用者對於自我效能與自我控制會更具信心，其對新技術所持態度會更積極，更有可能被使用者接受。

## （四）知覺有用性

意指使用者主觀認為使用一個新技術將有助於提昇工作績效和未來的表現，當使用者覺得新技術有用時，相對會抱持正面的態度。「知覺易用」對「知覺有用」有顯著的正向影響，當使用者認為新技術容易被使用時，在整體工作中有一部分和實體使用新技術有關，認為可以增加工作效能，因此影響著使用者的知覺有用性。所以易用性是有用性的邏輯組成之一。但是「知覺有用性」對「知覺易用性」並無影響。

## （五）行為意圖

代表個人的使用意願。繼承了理性行為理論，行為意圖對實際使用有顯著且正面的影響，意圖是實際使用一個直接的決定因子。將此理論套入科技接受模式，推測對科技接受與否。

# 三、修正 TAM 模型

研究學者根據 Davis（1989）之知覺有用性和知覺易用性做實證研究，並討論有關使用態度、行為意圖、與使用程度間的關係。Adams 等（1992）提出 TAM 修正版，將行為意圖從 TAM 中去除掉，並獲得研究結果的支持，Igbaria 等（1997）將 TAM 修正模型應用於小型企業內有關科技接受度的議題上。Adams 修正版 TAM 模型如圖 2-7 所示。

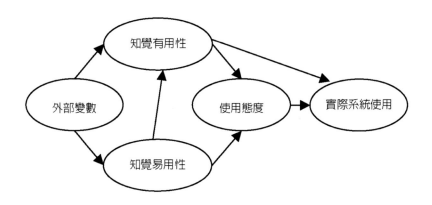

圖 2-7　TAM 修正模型

資料來源：Adams（1992）

Taylor 和 Todd（1995）比較 TAM 與 TPB 模型之間的四項差異：

1. TAM 比 TPB 的模型簡單。

2. TPB 著重在廣泛的行為預測，並無特定應用在科技接受研究上。

3. TPB 需針對不同情境行為、規範與信念發展。

4. TPB 所包含的所有建構無法以 TAM 來取代。

## 四、小結

　　本研究依科技接受模式以不同的使用者角度來對數位電子看板的接受度進行深入討論。以往科技接受模型多半應用在討論組織內新科技或系統的接受度，和以往不同的是本研究不單只針對組織內導入新興資訊科技的接受度來探討，而是採商家與一般民眾的角度同時分析，進而有效提高本研究的解釋性。

# 第四節　創新擴散理論

　　創新擴散是指新的知識、行為或技術，在導入時，因為各種因素影響擴散幅度與速度，並導致決定採用新知識或技術的意願。Rogers 於 1962 年首先提出創新擴散理論（Diffusion of innovation, DOI），將創新定義為「凡是被個人或其他單位看作是新的思想、想法或事務，也就是創新。」創新是一種觀念、科技或知識（Rogers, 1995）。創新理論是當一種新技術或新知識在剛開始時，使用人數較少，被接受程度比較低，因此其擴散過程相對較遲緩；當使用者比例到達某一臨界值後，創新擴散過程就相對快速增長。如 iphone 之被接受和擴散程度。

　　數位電子看板屬於創新的數位產品，本研究藉由 Rogers 的創新擴散理論，來探討使用者採用數位電子看板的研究理論基礎。本節以創新採用過程、創新知覺特性、科技採用生命週期及本節結論等四部分作介紹。

## 一、創新採用過程

　　創新採用過程可分為認知（knowledge）、說明（persuation）、決策（decision）、實行（implementation）、和確認（confirmation）；在認知階段，消費者對於新知識或新技術的存在，經由個人認知、社會經濟特徵、與溝通方式影響消費者對創新的認知；在說明階段，創新的特性將影響到消費者的態度，以及決策階段消費者的採用決定；在實行階段，消費者是否有實際採用或未採用創新，影響體驗的過程；在確認階段，依消費者的體驗，進一步對此創新的採用態度產生決策上的改變。

　　Rogers 在 1995 年更進一步對於創新採用過程進行修正模式
（Revised Adoption Process Model），提出「創新決策過程」（Innovation
Decision Process），其影響創新採用過程中主要的五個創新知覺特性，
分別是相對優勢（relative advantage）、相容性（comptability）、複雜性
（complexity）、可試用性（testability）與可觀察性（observability），如
圖 2-8。

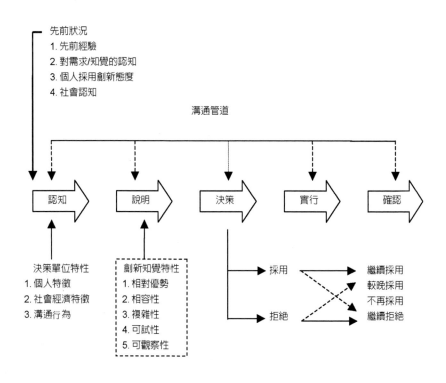

圖 2-8　創新決策階段過程模式

資料來源：Rogers（1995）

## 二、創新知覺特徵

在創新決策過程中，由於新資訊不斷地傳遞至消費者，消費者不一定會接受創新事物。Rogers 提出創新知覺特性有五個特質會影響使用者的採用態度：

### 相對優勢（Relative Advantage）

相對優勢沒有絕對的規則，取決於消費者特定的看法與需求。當一項創新被認定可以有效提昇效益（如個人的工作效率、社會地位聲望、或便利性），則會影響消費者的採用態度。

### 相容性（Compatibility）

人們潛在的價值觀、過去的經驗以及實際的需求會反映在創新採用過程上。若一項創新不符合他們的價值觀、規範或做法，則此一創新便不容易被採用。

### 複雜性（Complexity）

指人們對創新的理解程度。當創新的複雜性越小，人們越容易理解，採用創新的可能性就越高。複雜性直接與該創新的易用性有關。

### 可試用性（Triability）

消費者透過先行試用增加對創新的理解程度，再決定是否進一步採用。同時也可以檢視創新的可行性。

### 可觀察性（Observability）

創新成效可被明確觀察出來，消費者越有可能採用。當創新結果的不確定性降低，人們藉由別人的使用度和曝光度，評量創新事物。

## 三、技術採用生命週期

不論是什麼想法、產品或行為，人們採用創新的時間點各自不同。Rogers（1995）認為在每一種產品的領域中，依據創新採用時間點的不同可將消費者分為五類：創新者（2.5%）、早期採用者（13.5%）、早期大眾（34%）、晚期大眾（34%）以及落後者（16%），並認為不同採用時點的創新擴散速度近似於常態分配圖，如下圖 2-9 所示，橫軸表示創新採用時間。

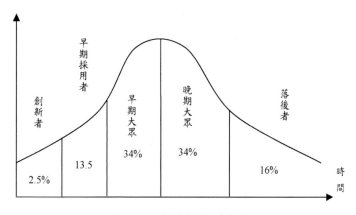

圖 2-9　科技採用生命週期

資料來源：Rogers（1995）

1. 創新者（innovators）：在創新結果仍是高度不確定時，率先採用新技術或新知識。使用者願意冒險於不穩定的活動中，以實事求是的精神，探索創新的內部本質。

2. 早期採用者（early adopters）：對於創新有掌握一定的認知，扮演意見領袖的角色，接下來的採用者多數會以早期採用者的意向作為參考指標。

3. 早期大眾（early majority）：以謹慎的態度來觀察創新，對於所要付出的創新成本是很敏感的，他們希望物有所值，當創新的不確定性降低後，才會採用創新。

4. 晚期大眾（late majority）：對於創新事物興致缺缺或抱持懷疑態度，待周遭團體大部分都已採用，感受到壓力時，才有機會產生接受的動機。

5. 遲緩者（laggards）：使用者通常因為傳統的價值觀與保守的觀念，畏懼任何些微改變上的風險，因此採用創新的速度非常緩慢。

Moore（1995）針對創新擴散模型則以不同的觀點來詮釋，在技術採用生命週期與 Rogers 所提的模型有所區隔。Moore 將創新市場分為以下：

1. 早期市場：由創新者及早期採用者所組成。創新者是技術狂熱者（Technology Enthusiasts），任何新的技術不獲創新者採納，就無法進入市場。早期採用者屬高瞻遠矚者（Visionaries），希望引用不連續的創新來創造突破。以上兩種類型消費者是革新派，希望透過創新及突破來創造利益和競爭優勢。

2. 主流市場：由早期大眾及晚期大眾所組成。早期大眾是實用主義者（Pragmatists），著重於有效的運作新技術或新知識增進生產力。晚期大眾屬保守派（Conservatives），對於自身能否從新技術的投資取得利益持悲觀看法，他們之所以採用新技術是因受壓

力而非自願。以上兩種類型消費者是態度謹慎或較為悲觀，通常
需要向人尋求意見或受到壓力，才會採用新科技。

3. 遲緩型消費者屬吹毛求疵派（Skeptics），這群人對新的高科技持
　 著消極及批評的態度，是市場的落後者。

　Rogers 的創新擴散理論，當採用者超過某比例達到臨界點時，擴散
過程就會加速起飛，而至最終呈現趨緩，為一連續模型。Moore 則認為
創新科技採用市場可區隔為高接受度的「早期市場」與高成長的「主流
市場」，兩個市場的基本價值南轅北轍，存在一條難以跨越的「鴻溝」。
如圖 2-10 所示。

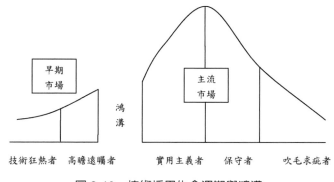

圖 2-10　技術採用生命週期與鴻溝

資料來源：Moore（1995）

# 四、小結

　本研究主要以 Rogers（1995）對創新擴散理論提出的創新知覺特
性和 Davis（1989）所提的科技接受模式相互比較，在認知創新特質的

「相對優勢」、「易用性」分別與科技接受模式的「知覺有用性」、「知覺易用性」是相似的。「易用性」與「知覺易用性」在定義上十分相近，而「知覺有用性」指個人認知使用特定系統可增進其工作功效的程度，若「相對優勢」是衡量獲利、時間節省或風險降低，則將與「知覺有用性」相差不多。並引用「相容性」，藉由使用者的實際需求，提出相容性影響採用態度的假說，加入科技接受模式的相關分析，對於變數的相關操作是有利的。

# 第三章　使用者需求研究

　　依據服務體驗工程方法論中的第一個 FIND 階段主要工作之一，是從消費者需求中，得出新服務的創意是否可行，以節省新服務的研發成本，和確認市場的接受度。主動瞭解顧客需求是探索顧客可能需求或行為的方法（陳家祥、鄒鴻泰 2008）。而指引企業發展新產品或服務的一個重要指標，是看消費者對於新科技的接受度和應用能力；因此，現以數位看板為媒介所發展出的產品和服務，以科技接受模式為基礎，探討和分析顧客需求，協助企業形成發展新服務的市場策略。

## 第一節　研究方法與架構

　　本研究以 Davis（1989）科技接受模式（Technology Acceptance Model）為理念基礎，探討使用者對「數位電子看板」此新興科技的採用態度與採用意願。而 Davis 在提出此模式後表示，後續研究者若想以此架構來探討使用者在新興科技上的意向與使用行為，將可能會有不足之處，因此須尋找是否還有其他變數亦會影響使用者對資訊科技的接受程度，以因應研究之特性與不用的使用情境建立較佳之預測（Davis, 1989）。

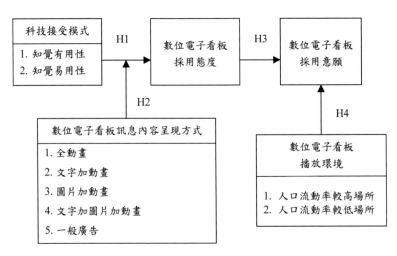

圖 3-1　使用者需求分析架構圖

　　由圖 3-1 可知，本研究以科技接受模式對數位電子看板採用態度與數位電子看板採用意願影響關係，並在科技接受模式與數位電子看板採用態度加入數位電子看板訊息內容呈現方式這一個干擾變數，是否對科技接受模式與採用態度產生干擾效果，針對採用意願加入數位電子看板播放環境控制變數。

## 第二節　研究假設

　　基於文獻及研究架構，探討以科技接受模式對數位電子看板採用態度的影響；加入探討數位電子看板呈現訊息內容是否會干擾數位電子看板採用態度，而進一步探討使用者對數位電子看板採用態度時是否會影響數位電子看板採用意願，數位電子看板播放環境是否會影響使用者對數位電子看板的採用意願。

## 一、以科技接受模式對採用態度關係

　　依據理性行為理論，Davis（1989）提出科技接受模式。模式特別在解釋電腦科技中使用者接受資訊科技的行為，以試圖分析影響使用者接受新資訊科技的各項因素。Davis 的科技接受模式繼承理性行為理論的基本精神，認為信念會影響態度，進而影響意願，再轉而影響實際行為。他強調「知覺有用性」與「知覺易用性」影響使用者對資訊科技的態度為主要因素外，採用態度還會進一步影響使用者的採用意願（Davis, 1989）。根據文獻，本研究提出下列假設：

　　H1-1：使用者對數位電子看板的「知覺有用性」會影響其對數位電子看板的「採用態度」。

　　H1-2：使用者對數位電子看板的「知覺易用性」會影響其對數位電子看板的「採用態度」。

## 二、數位電子看板訊息內容呈現方式干擾變數對採用態度間的關係

　　藉由擁有高品質的動畫、圖像與文字的呈現，以豐富的多媒體的視聽效果，提供訊息內容，目前已經被廣泛運用在公共場所等地方（魏益權，2006）。根據文獻，本研究提出下列假設：

　　H2-1：使用者對數位電子看板訊息內容呈現方式「全動畫」會影響其對數位電子看板採用態度。

　　H2-2：使用者對數位電子看板訊息內容呈現方式「文字+動畫」會影響其對數位電子看板「採用態度」。

　　H2-3：使用者對數位電子看板訊息內容呈現方式「圖片+動畫」會影響其對數位電子看板「採用態度」。

　　H2-4：使用者對數位電子看板訊息內容呈現方式「文字+圖片+動畫」會影響其對數位電子看板「採用態度」。

　　H2-5：使用者對數位電子看板訊息內容呈現方式「一般廣告」會影響其對數位電子看板「採用態度」。

## 三、探討採用態度對採用意願的關係

　　科技接受模式（Davis, 1989）根據理性行為理論的基本精神，認為信念會影響態度，進而影響意願，再轉而影響實際行為，學者 Agarwal & Prasad（1989）認為人們使用科技行為，意願會受到其使用態度的影響，換言之，當個人對科技使用的態度愈正向，則其想要使用新科技的行為意向就愈強列，對新科技的接受度也愈高。根據文獻，本研究提出下列假設：

　　H3：使用者對數位電子看板的「採用態度」會影響其對數位電子看板的「採用意願」。

## 四、針對不同數位電子看板播放環境為控制變數對採用意願間的關係

　　藉由擁有高品質的動畫、圖像與文字的呈現，以豐富的多媒體的視聽效果，提供訊息內容，目前已經被廣泛運用在公共場所等地方（魏益權，2006）。根據文獻，本研究提出下列假設：

H4-1：「人潮流動率較高場所」會影響使用者對數位電子看板的「採
用意願」。

H4-2：「人潮流動率較低場所」會影響使用者對數位電子看板的「採
用意願」。

# 第三節　變數操作性定義與衡量

本節將針對研究的各變數之操作性定義予以說明，包括知覺有用
性、知覺易用性、訊息內容呈現方式、採用態度、採用意願、播放環境。

## 一、知覺有用性、知覺易用性

操作定義：「知覺有用性」是指「使用者相信使用特定系統可以
增進他/她工作績效的程度」。其使用者所關心的是對工作表現（包括
過程與結果）在期望整體影響。在本研究中特定系統指的就是數位電
子看板，能適時適地依使用者所處的位置提供服務。若使用者感覺
利用數位電子看板來增進生活品質，則數位電子看板的採用程度就
越大。

操作定義：「知覺易用性」是指「使用者相信使用特定系統可以不
需耗費身體、心智努力的程度。」在本研究中將知覺易用性描述為使用
者所認知到數位電子看板易用程度。

衡量題項：本研究參考 Davis（1989）所發展有用性量表、Moon &
Kim（2001）的量表，並加以適當修正。來衡量數位電子看板的知覺有

用性。而構面的衡量問項採用李克特（Likert）五點尺度量表法，如表 3-1 所示。

表 3-1　科技接受模式之衡量題項

| 變數 | 第一部分題號 | 題項 |
|---|---|---|
| 知覺有用性、知覺易用性 | 1 | 請問您最期望數位電子看板廣告的功用為何？（單選）<br>□提供產品資訊　□紓解生活壓力　□增加與朋友聊天時的話題<br>□打發時間　　　□激勵人心 |
| | 2 | 請問您平常觀看數位電子看板廣告內容之頻率為何？ |
| | 3 | 觀看數位電子看板能讓我容易掌握時下的資訊 |
| | 4 | 觀看數位電子看板，對我的工作或生活是有用的 |
| | 5 | 數位電子看板能有助於提昇我的工作或生活效率 |
| | 6 | 數位電子看板將有助於改善我的工作或生活品質 |

資料來源：本研究統整

## 二、訊息內容呈現方式

　　操作定義：數位電子看板所呈現的內容必須善用其空間的限制，製作簡單易懂及吸引消費者的看板內容。本研究中指使用者在觀看數位電子看板時會因為訊息內容呈現方式而吸引使用者觀看。本研究依問項可複選方式作答，將複選答案分門別類區分為「全動畫」、「文字加動畫」、「圖片加動畫」、「文字加圖片加動畫」、「一般廣告」共五類。

　　衡量題項：本研究參考 Raymond（2005）量表，並加以適當修正。來衡量數位電子看板訊息內容呈現方式。而問項採用複選題的方式來回答題項，構面的衡量問項採用李克特（Likert）五點尺度量表法，如表 3-2 所示。

表 3-2　訊息內容呈現方式之衡量

| 變數 | 第四部分題號 | 題項 |
|---|---|---|
| 全動畫 | | 請問您喜歡的數位電子看板內容畫面配置方式 |
| 文字加動畫 | | 應該為？（可複選） |
| 圖片加動畫 | 1 | □純文字　□純圖片　□全動畫　□文字+圖片 |
| 文字加圖片加動畫 | | □文字+動畫 □圖片+動畫　□文字+圖片+動畫 |
| 一般廣告 | | □一般廣告 |

資料來源：本研究統整

## 三、採用態度

操作定義：「態度」是指「一個人對於某種行為所感受到好或不好，或是正面或負面的評價」。在本研究中定義為使用者接受數位電子看板正面或負面的感覺。

衡量題項：本研究參考 Moon & Kim（2001）所發展有用性量表並加以適當修正。來衡量數位電子看板的知覺有用性。而構面的衡量問項採用李克特（Likert）五點尺度量表法，如表 3-3 所示。

表 3-3　採用態度之衡量

| 5 | 第二部分題號 | 題項 |
|---|---|---|
| 採用態度 | 1 | 數位電子看板是我喜歡的資訊訊息來源 |
| | 2 | 數位電子看板可帶給我娛樂的效果 |
| | 3 | 數位電子看板可提供與自己喜好相關的產品資訊 |
| | 4 | 使用數位電子看板令我心情愉悅可提供滿足個人的需求的資訊 |
| | 7 | 數位電子看板是一個便利提供產品資訊的管道 |
| | 8 | 數位電子看板會提供產品更新資訊 |

資料來源：本研究統整

# 四、採用意願

操作定義：「採用意願」根據 Davis（1989）是指「使用者在進行特定行為的意願強度」。在本研究中定義為使用者接受數位電子看板的行為意願。

衡量題項：本研究參考 Moon & Kim（2001）所發展有用性量表並加以適當修正。來衡量數位電子看板的採用意願。而構面的衡量問項採用李克特（Likert）五點尺度量表法，如表 3-4 所示。

表 3-4　採用意願之衡量

| 5 | 第二部分題號 | 題項 |
|---|---|---|
| 採用意願 | 5 | 我可以容易和其他人談論數位電子看板的資訊 |
| | 6 | 我可以查覺出數位電子看板所帶來的效益 |
| | 9 | 數位電子看板可提供我有價值的資訊 |
| | 10 | 數位電子看板會幫助我擬定正確的購買決策 |
| | 11 | 整體而言，我認為數位電子看板是一個優質媒體 |
| | 12 | 我會想把數位電子看板推薦給我朋友 |
| | 13 | 若身邊周遭有數位電子看板時，會吸引我的目光 |
| | 14 | 觀看數位電子看板的資訊可以滿足我求知的慾望 |
| | 15 | 數位電子看板提供的訊息能讓我信賴 |

資料來源：本研究統整

## 五、播放環境

　　操作定義：「播放環境」是指「提供訊息內容目前已經被廣泛運用在公共場所等地方」。本研究依問項可複選方式作答，將複選答案分門別類區分播放環境為「人口流動率較高場所」、「人口流動率較低場所」。

　　衡量題項：本研究參考魏益權（2006）的量表，並加以適當修正。來衡量數位電子看板播放環境。本研究將回答題項餐廳、快餐店、捷運、公車、便利超商、加油站、ATM 分類為「人口流動率較高場所」；而將回答題項理髮院、百貨公司、大賣場、學校、辦公大樓分類為「人口流動率較低場所」，共二類。

表 3-5　播放環境之衡量

| 變數 | 第三部分題號 | 題項 |
|---|---|---|
| 播放環境 | 1 | 請問您在哪些地方觀看過數位電子看板廣告？（可複選）<br>□餐廳、快餐店　□理髮院　□百貨公司　□大賣場　□捷運<br>□公車　□便利超商　□加油站　□學校　□辦公大樓<br>□ATM |

資料來源：本研究統整

## 六、人口統計變數

　　除了上述變數之外，本研究還參考人口統計變數，包括有以下如表 3-6 所示。

表 3-6 人口統計之衡量題項

| 構面 | 題項 | 尺度 |
|---|---|---|
| 性別 | 男、女 | 名目尺度 |
| 年齡 | 14 歲以下、15～17 歲、18～22 歲、23～25 歲、26～30 歲、31～35 歲、36～40 歲、41 歲以上 | 順度尺度 |
| 教育程度 | 國小以下、國中、高中（職）、大專院校、研究所以上 | 名目尺度 |
| 職業 | 學生、商業、教職人員、公務人員、服務業、製造業、家管、待業中、其他 | 名目尺度 |

資料來源：本研究統整

# 第四節　研究對象與範圍

本研究是在探討使用者對數位電子看板的使用知覺與使用意願。而目前數位電子看板主要的擺放場所，主要以公共場所的比例較高。因此本研究的對象設定為年輕族群與上班族為研究對象。

數位電子看板可分為使用者與商家兩個構面，本研究範圍將僅針對使用者採用電子數位看板進行分析探討。

# 第五節　資料分析

本研究以問卷發放方式調查，作為資料蒐集的方式，即利用學校、人潮擁擠的公共場所來發放問卷。抽樣方法為非機率抽樣中之便利樣本（convenience sample），在確定受測者具有觀看過數位電子看板後，再進行問卷填寫。本問卷發放日期為 2009 年 10 月 4 日至 2009 年 10 月 10

日，共計 7 日，總回收問卷為 164 份；剔除掉無效問卷後，有效問卷共計 150 份。

　　本問卷回收結果，以 SPSS 軟體進行統計分析，本小節分為五個部分，第一部分為樣本結構之敘述性分析，第二部分為問卷題項之信度分析，第三部分為相關係數檢定，第四部分為迴歸分析。

# 一、樣本結構之敘述性分析

　　將對問卷內的各項問題進行次數分配、百分比、平均數及交叉分析，從中瞭解受訪者對問卷問題反應的特性及分配情形，以及描述受訪者對數位電子看板認知及人口統計分布情形。

## （一）問卷回收結果

　　本問卷發放日期為 2009 年 10 月 4 日至 2009 年 10 月 10 日，共計 7 日，總共發出問卷 170 份，回收問卷為 164 份，問卷回收率 96.47%；扣除無效問卷 14 份，有效問卷共計 150 份，有效問卷回收率 88.24%。

表 3-7　回收結果

| 項目 | | 樣本數（人） | 百分比（%） |
|---|---|---|---|
| 回收問卷 | 無效問卷 | 14 | 8% |
| | 有效樣本 | 150 | 88.24% |
| 樣本回收率 | | 164 | 96.47% |
| 未回收問卷 | | 6 | 3.53% |
| 總計 | | 170 | 100% |

資料來源：本研究統整

## （二）有效樣本的人口統計資料

本研究之「人口統計變量」分為二部分，包含「個人特質」、「社會經濟特質」，本研究將以此二部分進行敘述統計，並用次數分配與百分比描述樣本。其描述如下：

### 1.個人特徵

本研究問卷調查之個人特質，包括性別、年齡、教育程度；如圖 3-2 所示。

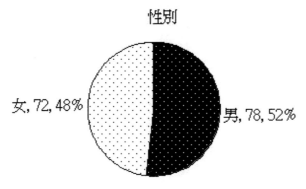

性別

女, 72, 48%　　男, 78, 52%

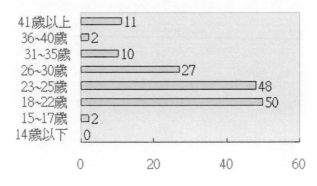

年齡統計

| 年齡 | 人數 |
| --- | --- |
| 41歲以上 | 11 |
| 36~40歲 | 2 |
| 31~35歲 | 10 |
| 26~30歲 | 27 |
| 23~25歲 | 48 |
| 18~22歲 | 50 |
| 15~17歲 | 2 |
| 14歲以下 | 0 |

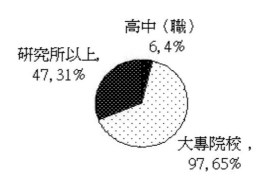

圖 3-2　電子看板使用者特徵之「個人特徵」

資料來源：本研究統整

　　在「個人特質」表格當中，性別部分以男性較女性受訪者多，共 78
人，占總樣本數的 52%；在年齡分布方面，以 18～22 歲所占比例最高，
有 50 人，占總樣本的 33.3%，其次則是 23～25 歲的 32%；在教育程度
方面，以大學生所占的比例最高，有 97 人，為總樣本數的 64.7%，碩
士學歷有 47 人，為全部樣本的 31.3%。因此本研究以樣本之「個人特
質」以男性居多（52%），年齡方面大多在 18～25 歲（65.3%），學歷則
以大學、碩士（96%）為主。

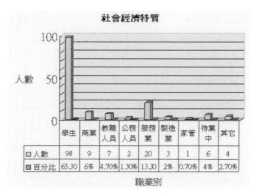

圖 3-3　電子看板使用者之「社會經濟特質」職業別

資料來源：本研究統整

　　圖 3-3 在職業部分，以大學生所占的比例最高，有 98 人，占總樣本的 65.3%，其次為服務業的 13.3%，商業部分為 6%，教職人員為 4.7%，待業中 4%，其他為 2.7%，而本研究樣本之社會經濟特徵其職業以學生 65.3%為主，其次為服務業 13.3%。

## （三）研究變數之平均數與標準差

### 科技接受模式之統計分析

　　本研究為瞭解使用者對數位電子看板呈現訊息的功用，將分別探討其功用種類，進而瞭解使用者對數位電子看板的接受反應，由表 3-10 可知，使用者對於數位電子看板功用，能提供產品資訊比例最多 62.65%，其次為打發時間 18.7%、紓解生活壓力 8%、增加與朋友聊天時的話題 8%、激勵人心 2.65%。

表 3-10　數位電子看板訊息功用為何次數分配表

| | | 問項題目 | 次數 | 百分比 | 累積百分比 |
|---|---|---|---|---|---|
| 構面一 | 知覺有用性 | 提供產品資訊 | 94 | 62.65% | 62.65% |
| | | 紓解生活壓力 | 12 | 8% | 70.65 |
| | | 增加與朋友聊天時的話題 | 12 | 8% | 78.65 |
| | | 打發時間 | 28 | 18.7% | 97.35 |
| | | 激勵人心 | 4 | 2.65% | 100% |
| | | 合計 | 150 | 100 | |

資料來源：本研究統整

　　本研究中在科技接受模式分為二個構面、兩種特性因素（知覺有用性、知覺易用性）及使用者態度與使用意願其平均數均在 3 以上，介於滿意與普通之間。參考表 3-11、表 3-12、表 3-13、表 3-14。

表 3-11　科技接受模式構面一平均數與標準差

| | | 問項題目 | 平均數 | 標準差 |
|---|---|---|---|---|
| 構面一 | 知覺有用性 | 數位電子看板將有助於改善我的工作或生活品質 | 3.04 | 0.858 |
| | | 數位電子看板能有助於提昇我的工作或生活效率 | 2.94 | 0.876 |
| | | 觀看數位電子看板，對我的工作或生活是有用的 | 3.36 | 0.846 |
| | | 知覺有用性整體平均數 | 3.11 | |

資料來源：本研究統整

　　由上表 3-11 個別來看，知覺有用性平均皆在 3 以上，最高為「觀看數位電子看板，對我的工作或生活是有用的」平均數為 3.36、標準差為 0.846。對使用者來說，認為數位電子看板對工作或生活方面是有用的，而且使用者對於此問項題目大都一致認為對工作或生活是有用的，素質很平均，並不會差異很大。

表 3-12　科技接受模式構面二平均數與標準差

| | | 問項題目 | 平均數 | 標準差 |
|---|---|---|---|---|
| 構面二 | 知覺易用性 | 請問您平常觀看數位電子看板廣告內容之頻率為何？ | 2.81 | 0.839 |
| | | 觀看數位電子看板能讓我容易掌握時下的資訊 | 3.95 | 0.702 |
| | | 知覺有用性整體平均數 | 3.57 | |

資料來源：本研究統整

　　由上表 3-12 個別來看，知覺易用性平均皆在 3 以上，最高為「觀看數位電子看板能讓我容易掌握時下的資訊」平均數為 3.95、標準差為 0.702。對使用者來說，觀看數位電子看板是容易掌握時下的資訊，而且使用者對於此問項題目大都一致認為容易掌握時下的資訊，素質很平均，並不會差異很大。

表 3-13　採用態度平均數與標準差

| | 問項題目 | 平均數 | 標準差 |
|---|---|---|---|
| 採用態度 | 數位電子看板是我喜歡的資訊訊息來源 | 3.2 | 0.786 |
| | 數位電子看板可帶給我娛樂的效果 | 3.473 | 0.833 |
| | 數位電子看板可提供與自己喜好相關的產品資訊 | 3.567 | 0.831 |
| | 使用數位電子看板令我心情愉悅可提供滿足個人的需求的資訊 | 3.313 | 0.868 |
| | 數位電子看板是一個便利提供產品資訊的管道 | 3.84 | 0.625 |
| | 數位電子看板會提供產品更新資訊 | 3.95 | 0.562 |
| | 使用態度整體平均數 | 3.557 | |

資料來源：本研究統整

　　由上表 3-13 個別來看，採用態度平均皆在 3 以上，最高為「數位電子看板會提供產品更新資訊」平均數為 3.95、標準差為 0.562。對使用者來說，數位電子看板會提供產品更新資訊，而且使用者對於此問項題目大都一致認為容易掌握時下的資訊，素質很平均，並不會差異很大。

表 3-14　採用意願平均數與標準差

| | 問項題目 | 平均數 | 標準差 |
|---|---|---|---|
| 採用意願 | 我可以容易和其他人談論數位電子看板的資訊 | 2.953 | 0.954 |
| | 我可以查覺出數位電子看板所帶來的效益 | 3.26 | 0.887 |
| | 數位電子看板可提供我有價值的資訊 | 3.367 | 0.737 |
| | 數位電子看板會幫助我擬定正確的購買決策 | 2.81 | 0.913 |
| | 整體而言，我認為數位電子看板是一個優質媒體 | 3.56 | 0.755 |
| | 我會想把數位電子看板推薦給我朋友 | 3.047 | 0.814 |
| | 若身邊周遭有數位電子看板時，會吸引我的目光 | 3.713 | 0.814 |
| | 觀看數位電子看板的資訊可以滿足我求知的慾望 | 3.148 | 0.982 |
| | 數位電子看板提供的訊息能讓我信賴 | 3.11 | 0.799 |
| | 使用意願整體平均數 | 3.219 | |

資料來源：本研究統整

　　由上表 3-14 個別來看，採用態度平均皆在 3 以上，最高為「我可以和其他人談論數位電子看板的資訊」平均數為 3.95、標準差為 0.954。對使用者來說，是容易和其他人談論數位電子看板的資訊，但使用者對於此問項題目看法差異很大，所以在標準差數值會相對地較高。

表 3-15　數位電子看板外觀

| 請問您喜歡的數位電子看板外型？ | 次數 | 百分比 |
|---|---|---|
| 長方型大螢幕（37 吋以上） | 78 | 52% |
| 環狀 LCD | 19 | 12.67% |
| 一般 LCD（17 吋～22 吋） | 13 | 8.67% |
| 小型 LCD（10 吋以下） | 3 | 2% |
| 無差別 | 37 | 24.66% |
| 合計 | 150 | 100% |

資料來源：本研究統整

　　由表 3-15 可觀察出，使用者對於數位電子看板外觀，52%「使用者會喜歡長方型大螢幕」，其次為 24.66%的「使用者認為外觀大小無差別」，而占比例最少的是「小型 LCD（10 吋以下）」為 2%，由此可知大螢幕尺寸的數位電子看板是較受到使用者的青睞。

表 3-16　人口停留率較低的場所

| 請問您在哪些地方觀看過數位電子看板廣告？ | 次數 | 百分比 |
|---|---|---|
| 人口停留率低的場所 | | |
| 餐廳 | 28 | 18.7% |
| 捷運 | 39 | 26% |
| 公車 | 39 | 26% |
| 便利超商 | 19 | 12.7% |
| 加油站 | 20 | 13.3% |
| ATM | 5 | 3.4% |
| 合計 | 150 | 100% |

資料來源：本研究統整

由表 3-16 可知,使用者觀看數位電子看板時,「捷運站」、「公車」最常觀看,為 26%,而最少看過則是「ATM」為 3.4%。

表 3-17　人口停留率較高的場所

| 請問您在哪些地方觀看過數位電子看板廣告? | 次數 | 百分比 |
|---|---|---|
| 人口停留率高的場所 | | |
| 理髮院 | 19 | 12.67 |
| 百貨公司 | 58 | 38.67 |
| 大賣場 | 49 | 32.67 |
| 學校 | 9 | 6% |
| 辦公大樓 | 15 | 10% |
| 合計 | 150 | 100% |

資料來源:本研究統整

由表 3-17 人口停留率較高的場所可知道,「百貨公司」是使用者觀看數位電子看板最常的場所為 38.7%,其次是「大賣場」32.67%,而「學校」是占比率最低的場所為 6%。

表 3-18　畫面訊息內容呈現方式

| 請問您喜歡的數位電子看板內容畫面配置方式為何? (可複選) | | |
|---|---|---|
| 純文字 | 次數 | 百分比 |
| 喜歡 | 5 | 3.3% |
| 不喜歡 | 145 | 96.7 |
| 合計 | 150 | 100% |
| 純圖片 | 次數 | 百分比 |
| 喜歡 | 6 | 4% |
| 不喜歡 | 144 | 96% |
| 合計 | 150 | 100% |

| 全動畫 | 次數 | 百分比 |
|---|---|---|
| 喜歡 | 38 | 25.3% |
| 不喜歡 | 112 | 74.7% |
| 合計 | 150 | 100% |
| 文字加圖片 | 次數 | 百分比 |
| 喜歡 | 17 | 11.3% |
| 不喜歡 | 133 | 88.7% |
| 合計 | 150 | 100% |
| 文字加動畫 | 次數 | 百分比 |
| 喜歡 | 34 | 22.67% |
| 不喜歡 | 116 | 77.3% |
| 合計 | 150 | 100% |
| 圖片加動畫 | 次數 | 百分比 |
| 喜歡 | 35 | 23% |
| 不喜歡 | 115 | 76.7% |
| 合計 | 150 | 100% |
| 文字加圖片加動畫 | 次數 | 百分比 |
| 喜歡 | 78 | 52% |
| 不喜歡 | 72 | 48% |
| 合計 | 150 | 100% |
| 一般廣告 | 次數 | 百分比 |
| 喜歡 | 34 | 22.67% |
| 不喜歡 | 116 | 77.33% |
| 合計 | 150 | 100% |

資料來源：本研究統整

　　數位電子看板訊息內容呈現的方式，使用者以多選項答題的方式，來統計顯示使用者喜歡數位電子看板何種樣式訊息內容的呈現，而問卷形式以複選題方式回答。在複選題的統計方式表 3-18，以「純文字」、「純圖片」、「全動畫」、「文字加圖片」、「文字加動畫」、「圖片加動畫」、「文字加圖片加動畫」、「一般廣告」分別列為「喜歡」、「不喜歡」的方式來統計。

表 3-19　訊息內容呈現方式整理

| 請問您喜歡的數位電子看板內容畫面配置方式為何？（可複選） | 次數 | 百分比 |
|---|---|---|
| 純文字 | 5 | 3.3% |
| 純圖片 | 6 | 4% |
| 全動畫 | 38 | 25.3% |
| 文字加圖片 | 17 | 11.3% |
| 文字加動畫 | 34 | 22.67% |
| 圖片加動畫 | 35 | 23% |
| 文字加圖片加動畫 | 78 | 52% |
| 一般廣告 | 34 | 22.67% |

資料來源：本研究統整

　　由表 3-19 可知，使用者在觀看數位電子看板時，對於內容畫面配置方式比例最高是「文字加圖片加動畫」52%，顯示出使用者對於數位電子看板的畫面訊息內容呈現方式「文字加圖片加動畫」是最受使用者所青睞，其次為「全動畫」25.3%、「文字加動畫」22.67%、「一般廣告」22.67%、「圖片加動畫」23%、「文字加圖片」11.3% ……而接受度較低為「純文字」3.3%、「純圖片」3.4%，由此可知，數位電子看板畫面訊息內容呈現方式需要文字加上圖片加上動畫的呈現方式，較受使用者歡迎。

## 二、信度分析

　　本研究以 Cronbach's α 來檢定問卷中的信度，根據 Guieford（1965）提出 α 係數的大小判定所代表的可信程度，如表 3-15 所示。

表 3-20　大小所代表的可信程度表

| α 係數的大小 | 可信程度 |
|---|---|
| α＜0.3 | 不可信 |
| 0.3＜α＜0.40 | 初步的研究，勉強可信 |
| 0.40＜α＜0.50 | 稍微可信 |
| 0.50＜α＜0.70 | 可信（最常見的範圍） |
| 0.70＜α＜0.90 | 很可信（次常見的範圍） |
| 0.90＜α | 十分可信 |

資料來源：Guieford（1965）

　　本研究於表 3-16，各構面之 Crobach's α 值分別為知覺有用性 0.809、知覺易用性 0.431、採用態度 0.726、採用意願 0.862，本研究各構面之 Crobach's α 值幾乎都在 0.7 以上，顯示出問卷各構面擁有高信度值。

表 3-21　Cronbach's 係數表

| 研究變項 | | Cronbach's α |
|---|---|---|
| 科技接受模式 | 知覺有用性 | 0.809 |
| | 知覺易用性 | 0.431 |
| 採用態度 | | 0.726 |
| 採用意願 | | 0.862 |

資料來源：本研究統整

# 三、相關係數分析

　　相關分析的目的在描述兩個連續變數的線性關係，而迴歸分析則是基於兩個變項之間的線性關係，進一步分析兩個變項之間的預測關係（邱皓政，2002）；相關係數（correlation coefficient）是一個介於-1 與 1

之間的數,若兩者的相關係數為-1,則為絕對負相關關係;若兩個量的
關係為 1,則為絕對正相關;當相關係數為 0 時,則表示兩者沒有關聯。
本研究所使用的相關分析為皮爾森相關係數的檢定,從係數大小可指出
兩變數關係的密切程度,相關係數越高則彼此間愈密切,愈低則愈無線
性關係(Agarwal & Prasad, 1998)。

表 3-22　科技模式特性因素與研究構念之 Pearson

|  | 科技接受模式 | 採用態度 | 採用意願 | 人口流動率高的場所 | 人口流動率低的場所 | 訊息呈現方式 |
|---|---|---|---|---|---|---|
| 科技接受模式 | 1 |  |  |  |  |  |
| 採用態度 | 0.551** | 1 |  |  |  |  |
| 採用意願 | 0.575** | 0.717** | 1 |  |  |  |
| 人口流動率高的場所 | 0.346** | 0.127** | 0.198** | 1 |  |  |
| 人口流動率低的場所 | 0.231** | 0.15 | 0.095 | 0.372** | 1 |  |
| 訊息呈現方式 | -0.65 | -0.030 | 0.001 | 0.077 | 0.282** | 1 |

資料來源:本研究統整

　　本研究採用 Pearson 相關係數檢定對各因素進行相關分析,由表
3-17 詳列各影響因素相互間的相關程度、平均數與標準差。由表 3-17
可看出,科技接受模式與其他變數間相關程度皆高度相關,但與訊息呈
現方式顯示負相關,由此可知當科技接受模式愈高時,訊息呈現方式(全
動畫、文字加動畫、圖片加動畫、文字加圖片加動畫、一般廣告)會干
擾使用者的採用態度,進而影響到使用者的採用態度。

　　採用態度與採用意願具有高度相關,而採用態度與數位電子看板播
放環境較無顯著,由此可知播放環境(人口流動率高的場所、人口流動
率低的場所)對使用者的採用態度有部分的影響,數位電子看板在人口
流動率高的場所播放會影響使用者態度,但也是會因為訊息呈現方式

（全動畫、文字加動畫、圖片加動畫、文字加圖片加動畫、一般廣告）干擾使用者的採用態度，進而影響到使用者的採用態度。

　　而採用意願與人口流動率高的場所具有高度相關，由此可知數位電子看板放置人口流動率較高的場所，使用者會注意到數位電子看板，而影響使用者的採用意願。而採用意願與人口流動率較低的場所較無影響，當使用者在人口流動率較稀少的場所，比較不會注意數位電子看板。換個角度而言，而人口流動率較快的場所與採用態度及採用意願有高度相關。

## 四、迴歸分析

　　迴歸分析（Regression Analysis）是以一個或一組自變數（預測變項，X），來預測一個數值的依變數（被預測變項，Y），而只有一個自變數稱為簡單迴歸，若使用一組自變數則稱為多元迴歸或複迴歸。

## （一）「科技接受模式」對數位電子看板「採用態度」之影響

　　本研究「科技接受模式」對數位電子看板「採用態度」之影響，利用迴歸分析來檢定對「採用態度」是否有顯著影響。並採取 95%的信賴度，加以檢定。

　　由表 3-23 得知，在採取 95%的信賴度下，在科技接受模式構面部分，「知覺有用性」、「知覺易用性」分別對數位電子看板的「採用態度」所得 T 值皆達到顯著水準，代表「知覺有用性」、「知覺易用性」對「採用態度」之解釋能力具有統計意義，在統計學的觀點中達到顯著的影響。從整體看來，F 值為 16.318，達到顯著水準，因此我們可以說科技接受模式的「知覺有用性」與「知覺易用性」會影響「採用態度」。

表 3-23 「科技接受模式」對「採用態度」之迴歸分析表

| 依變數 | 自變數 | 標準化 β 係數 | T 值 | 假設成立與否 |
|--------|--------|--------------|------|-------------|
| 採用態度 | 科技接受模式 | 0.507 | 6.754*** | H1-1 成立<br>H1-2 成立 |

F 值＝16.318
調整後 R2＝0.252

註：*代表 P＜0.05；**代表 P＜0.01；***代表 P＜0.001

資料來源：本研究統整

　　由以上的統計支持，所以假設 H1-1、H1-2 推論成立。

　　H1-1：使用者對數位電子看板的「知覺有用性」會影響使用者對數位電子看板的「採用態度」。

　　H1-2：使用者對數位電子看板的「知覺易用性」會影響使用者對數位電子看板的「採用態度」。

## （二）數位電子看板「訊息內容呈現方式」對「科技接受模式」與數位電子看板「採用態度」之間的影響

　　單獨探討「訊息內容呈現方式」是否會影響「科技接受模式」對於數位電子看板「採用態度」產生正向影響，從實證的角度而言，本研究旨在探討「訊息內容呈現方式」對「科技接受模式」與「採用態度」之間有沒有顯著之影響，以「訊息內容呈現方式」、「科技接受模式」、「訊息內容呈現方式干擾」為自變數，「採用態度」為依變項，進行迴歸分析，並採取 95%的信賴度，加以檢定。

　　由表 3-24 得知，在訊息內容呈現方式「全動畫」、「文字加動畫」、「圖片加動畫」、「文字加圖片加動畫」、「一般廣告」對數位電子看板的「採用態度」所得到的 T 值未達顯著水準，代表「全動畫」、「文字加動

畫」、「圖片加動畫」、「文字加圖片加動畫」、「一般廣告」對「採用態度」
解釋能力還不夠具有統計意義，並未成立。以上未得到統計支持，所以
假設 H2-1、H2-2、H2-3、H2-4、H2-5 推論不成立。

表 3-24　「訊息內容呈現方式」對「採用態度」之迴歸分析表

| 依變數 | 自變數 | | 標準化 β 係數 | T 值 | 假設成立與否 |
|---|---|---|---|---|---|
| 採用態度 | 訊息內容呈現方式 | 全動畫 | 0.084 | 0.972 | H2-1 不成立 |
| | | 文字加動畫 | 0.085 | 0.926 | H2-2 不成立 |
| | | 圖片加動畫 | -0.101 | -1.174 | H2-3 不成立 |
| | | 文字加圖片加動畫 | 0.007 | 0.083 | H2-4 不成立 |
| | | 一般廣告 | -0.104 | -1.210 | H2-5 不成立 |

F 值＝1.001
調整後 R2＝0.048

註：*代表 P＜0.05；**代表 P＜0.01；***代表 P＜0.001

資料來源：本研究統整

　　由以上的未得到統計支持，所以假設 H2-1、H2-2、 H2-3、H2-4、
H2-5 推論不成立。

　　H2-1：使用者對數位電子看板訊息內容呈現方式「全動畫」會影響
使用者對數位電子看板採用態度。

　　H2-2：使用者對數位電子看板訊息內容呈現方式「文字加動畫」會
影響使用者對數位電子看板採用態度。

　　H2-3：使用者對數位電子看板訊息內容呈現方式「圖片加動畫」會
影響使用者對數位電子看板採用態度。

　　H2-4：使用者對數位電子看板訊息內容呈現方式「文字加圖片加動
畫」會影響使用者對數位電子看板採用態度。

　　H2-5：使用者對數位電子看板訊息內容呈現方式「一般廣告」會影
響使用者對數位電子看板採用態度。

　　根據文獻，藉由擁有高品質的動畫、圖像與文字的呈現，以豐富的多媒體的視聽效果，提供訊息內容，目前已經被廣泛運用在公共場所等地方（魏益權，2006）。由此可知，我們可以知道「訊息內容呈現方式」對「採用態度」之間關係不會有太大干擾效果，但需再更進一步仔細探討其中關係的變化。

## （三）數位電子看板「採用態度」對數位電子看板「採用意願」之影響

　　單獨探討之數位電子看板「採用態度」能否對「採用意願」產生正向之影響，從實證的角度而言，本研究旨在探討「採用態度」對「採用意願」有沒有顯著之影響，以「採用態度」為自變數，「採用意願」為依變數，進行迴歸分析，並採取95%的信賴度，加以檢定。

　　由表3-25可知，在採取95%的信賴度下，「採用態度」對數位電子看板的「採用意願」所得到T值達到顯著水準，代表「採用態度」之解釋能力具有統計意義，在統計學的觀點中達到顯著的影響。而從整體看來，F值為52.289，也同樣達到顯著水準，因此我們可以說「採用態度」會顯著影響「採用意願」。由以上的統計支持，所以假設H3推論成立。

表 3-25　「採用態度」對「採用態度」之迴歸分析表

| 依變數 | 自變數 | 標準化 β 係數 | T 值 | 假設成立與否 |
|---|---|---|---|---|
| 採用意願 | 採用態度 | 0.704 | 12.044*** | H3 成立 |

F 值＝52.289

調整後 R2 ＝0.525

註：*代表 P＜0.05；**代表 P＜0.01；***代表 P＜0.001

資料來源：本研究統整

　　由以上的統計支持，所以假設 H3 推論成立。

H3：使用者對數位電子看板的「採用態度」會影響其對數位電子看板的「採用意願」。

## （四）數位電子看板「播放環境」對數位電子看板「採用意願」之影響

單獨探討「播放環境」能否對數位電子看板「採用意願」產生正向之影響，從實證的角度而言，本研究旨在探討「播放環境」對「採用意願」有沒有顯著之影響，以「播放環境」為自變數，「採用意願」為依變數，進行迴歸分析，並採取 95%的信賴度，加以檢定。

由表 3-26 可知，在採取 95%的信賴度下，整體看來，T 值皆未達到顯著水準，因此「人潮流動率高的場所」與「人潮流動率較低的場所」會顯著影響「採用態度」並未成立。以上未得到統計支持，所以假設 H4-1 不成立、H4-2 不成立。

表 3-26　「播放環境」對「採用態度」之迴歸分析表

| 依變數 | 自變數 | 標準化 β 係數 | T 值 | 假設成立與否 |
|---|---|---|---|---|
| 採用態度 | 人潮流動率較高場所 | 0.140 | 1.588 | H4-1 不成立 |
| | | | | H4-2 不成立 |
| | 人潮流動率較低場所 | -0.037 | -0.416 | |

F 值＝1.277
調整後 R2＝0.004

註：*代表 P＜0.05；**代表 P＜0.01；***代表 P＜0.001

資料來源：本研究統整

由以上的未得到統計支持，所以假設 H4-1、H4-2 推論不成立。

H4-1：「人潮流動率較高場所」會影響使用者對數位電子看板的「採用意願」。

H4-2:「人潮流動率較低場所」會影響使用者對數位電子看板的「採用意願」。

根據文獻，藉由擁有高品質的動畫、圖像與文字的呈現，以豐富的多媒體的視聽效果，提供訊息內容，目前已經被廣泛運用在公共場所等地方（魏益權，2006）。由此可知，我們可以知道 「數位電子看板播放環境」對「採用意願」之間關係會有影響效果，但需再更進一步仔細探討其中關係的變化。

# 第六節　結論與建議

本研究目的在探討使用者採用數位電子看板之使用意向。以科技接受模式為基礎發展的實證模式，並加入訊息內容呈現方式，瞭解影響使用者採用數位電子看板的因素與採用態度、採用意願之間的關係，並探討不同播放環境對其採用意願的差異。經整合研究結果，以提供數位電子看板業者作為未來在經營上訂定策略、設計服務方案之借鏡與參考；本章分成研究結果與結論、實務建議、研究限制以及後續研究建議四部分。

## 一、研究結果與結論

本研究以 Davis 的科技接受模式為基礎，並且加入「訊息內容呈現方式」、「播放環境」這些變數，增加科技接受模式對數位電子看板的解釋能力。經過資料的分析，本研究四大研究假說內容，經實證結果加入

適當構面，構面之間關係在迴歸分析下部分顯著。除假設 H2：使用者對數位電子看板「訊息內容呈現方式」會影響使用者「採用態度」以及假設 H4：數位電子看板「播放環境」對使用者「採用意願」之影響，未獲得統計上支持外，其餘皆獲支持。表 3-27 為所得出的假設驗證結果，並依序說明本研究所得到的研究結論。

表 3-27　本研究假說結果彙整表

| 研究假說內容 | 驗證結果 |
|---|---|
| 一、使用者對數位電子看板科技接受模式特性對採用態度的影響 | |
| H1-1：使用者對數位電子看板的「知覺有用性」會影響使用者對數位電子看板的「採用態度」。 | 成立 |
| H1-2：使用者對數位電子看板的「知覺易用性」會影響使用者對數位電子看板的「採用態度」。 | 成立 |
| 二、數位電子看板訊息內容呈現方式對使用者採用態度的影響 | |
| H2-1：使用者對數位電子看板訊息內容呈現方式「全動畫」會影響使用者對數位電子看板採用態度。 | 不成立 |
| H2-2：使用者對數位電子看板訊息內容呈現方式「文字加動畫」會影響使用者對數位電子看板採用態度。 | 不成立 |
| H2-3：使用者對數位電子看板訊息內容呈現方式「圖片加動畫」會影響使用者對數位電子看板採用態度。 | 不成立 |
| H2-4：使用者對數位電子看板訊息內容呈現方式「文字加圖片加動畫」會影響使用者對數位電子看板採用態度。 | 不成立 |
| H2-5：使用者對數位電子看板訊息內容呈現方式「一般廣告」會影響使用者對數位電子看板採用態度。 | 不成立 |
| 三、使用者對數位電子看板的採用態度對採用意願的影響 | |
| H3：使用者對數位電子看板的「採用態度」會影響其對數位電子看板的「採用意願」。 | 成立 |
| 四、數位電子看板「播放環境」對數位電子看板「採用意願」之影響 | |
| H4-1：「人潮流動率較高場所」會影響使用者對數位電子看板的採用意願。 | 不成立 |
| H4-2：「人潮流動率較低場所」會影響使用者對數位電子看板的採用意願。 | 不成立 |

資料來源：本研究統整

## （一）使用者對數位電子看板科技接受模式特性對採用態度的影響

透過迴歸分析來驗證該項假說，驗證結果皆得到統計上的支持，科技接受模式特性會影響使用者對數位電子看板的採用態度。

首先，假說 H1-1：使用者對數位電子看板的「知覺有用性」會影響其數位電子看板的「採用態度」。代表使用者覺得數位電子看板對自己的工作或生活品質是有幫助的，像是它可以改善使用者的工作或生活品質。因此當使用者認知到數位電子看板是可讓生活或工作更有效率，相對的使用者對數位電子看板產生正向態度。

假說 H1-2：使用者對數位電子看板的「知覺易用性」會影響其數位電子看板的「採用態度」。數位電子看板的知覺易用性會影響到使用者的採用態度，代表在觀看或是在使用數位電子看板時，更容易讓使用者掌握時下的資訊，因此當使用者認知到數位電子看板是易用的時候，相對的使用者將對數位電子看板產生正向態度。

## （二）數位電子看板訊息內容呈現方式對使用者採用態度兩者間關係

透過迴歸分析來驗證該項 H2-1、H2-2、H2-3、H2-4、H2-5 假說，驗證結果未得到統計上的支持，但或許是測試該變數的問項可能以複選題的操作方式影響到測試的效果，而這部分可再進一步探討研究其訊息內容呈現方式對使用者採用態度之間的關係。由於該項問項是以複選題的方式填答，所以敘述統計這部分可知道使用者在數位電子看板畫面訊息內容呈現方式比較偏愛於「文字加圖片加動畫」52%，其次為「全動畫」25.3%、「圖片加動畫」23%、「文字加動畫」22.67%、「一般廣告」

22.67%，而最低分別為「純文字」3.3%、「純圖片」4%，見圖 3-4，由
此可知當使用者在觀看或使用數位電子看板時比較偏愛訊息內容方式
為文字加圖片加動畫。因此日後對於數位電子看板業者在刊登數位電子
看板畫面訊息內容配置時可朝此方向來著手。

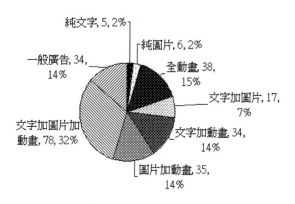

圖 3-4　訊息內容呈現方式

資料來源：本研究統整

## （三）使用者對數位電子看板的採用態度對採用意願的影響

　　數位電子看板採用意願部分，經迴歸分析驗證假設達到顯著水準。
假說 H3：使用者對數位電子看板的「採用態度」會影響其對數位電子
看板的「採用意願」。代表使用者在觀看或使用數位電子看板時，是使
用者不論在工作或生活上不可或缺的資訊來源以及滿足個人的需求資
訊管道，並喜歡觀看或使用數位電子看板來滿足生活或工作時，通常對
於採用意願會有正向的增強作用。因此當數位電子看板能有正面的採用
態度時，相對的將對數位電子看板產生正向的採用意願。

## （四）數位電子看板「播放環境」對數位電子看板「採用意願」之影響

　　透過迴歸分析來驗證該項假說 H4-1、H4-2，驗證結果未得到統計上的支持，但或許是測試該變數的問項可能以複選題的操作方式影響到測試的效果，而這部分可再進一步探討研究其播放環境對使用者採用態度之間的關係。由於該項問項是以複選題的方式填答，所以敘述統計這部分可知道使用者人口停留率較低的場所，如表 3-16。數位電子看板播放環境最常是在捷運與公車上看到，根據統計各約 26%，而最少看到的是 ATM 為 3.4%；而人口停留率高的場所，數位電子看板最常被播放在百貨公司 38.67%，其次為大賣場 32.67%，而最少觀看數位電子看板的場所是學校，如圖 3-5。由此可知，使用者觀看數位電子看板時，會因擺放環境而影響觀看或使用數位電子看板的比率，但若要驗證播放環境對數位電子看板採用意願，就必須再更進一步的深入研究探討。

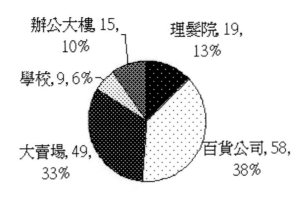

圖 3-5　人口停留率高的場所

資料來源：本研究統整

## 二、實務建議

依據本研究在實證中所獲得之結論，經整合研究結果，提供以下建議給相關數位電子看板業者在日後發展行銷活動上，可提供較佳的方案或建議作為參考。

## （一）提供更多符合使用者個人化需求的資訊服務：強化有用性

在現階段可看到許多新興的數位電子看板，然而商家的推動與使用者實際使用情形，彼此仍存極大差異。主要數位電子看板缺乏個人化誘因，無法讓使用者滿足切身效益。因針對不同目標市場，以功能性導向提供個人化的服務。因此，商家業者必須藉由更具特色、提供關鍵的數位電子看板內容來吸引使用者的目光。如通勤族為例，在對數位電子看板服務需求與使用意願度方面，在通勤時段，可播放關於交通資訊、時間顯示……因此，數位電子看板應符合使用者個人切身需求，提供便利的資訊服務，刺激使用者使用的動機，對使用者採用數位電子看板的態度及意願將有很大助益。

## （二）數位電子看板與環境的互動性，應列為數位電子看板重要發展的方向

本研究發現數位電子看板與環境彼此間存在影響關係，當在播放數位電子看板內容中，與在播放場所使用者注意的程度相關，亦可利用數位

電子看板播放場所適時播放一些重要資訊，也可為業者發展可能的行銷方向，即隨時隨地提供社會大眾需要的資訊，以提高數位電子看板效益。

數位電子看板裝置基礎建設慢慢在台灣增加當中，當基礎鋪設成熟，亦會促使數位電子看板其中的一些發展商機，會讓商家在進行行銷活動時更積極投入在數位電子看板當中，無形之中形成的商業模式會帶給使用者對數位電子看板使用上感受「有用性」。如此良性循環的結果，將可預見數位電子看板這項新科技蓬勃發展。

## 三、研究限制

本研究雖力求嚴謹，但限於時間、人力與財力等因素，故有以下限制：
1. 本研究探討數位電子看板使用意向，但因設備限制因素，無法探討與使用者互動機制。
2. 由於研究的資源有限，所以以問卷發放的方式來進行，但礙於時間、財力因素，無法蒐集大量問卷，因此可能對研究結果產生小小衝擊。

## 四、後續研究建議

## （一）擴充研究變數領域探討

Davis（1989）表示如想要以科技接受模式探討使用者對新興科技的認知與行為，可以增加其他變數，以此模式的預測能力更準確。由於

國內關於數位電子看板的研究並不多，因此可再增加像是便利性、滿意度等變數，來探討數位電子看板使用後的行為。因此後續研究可再增加一些相關於數位電子看板的影響變數。

## （二）擴充樣本抽樣層級

本研究樣本的分布在各層級上的分配並不平均，例：職業以學生人數居多，因此建議後續研究能採取不同的抽樣方法，使各層級抽樣的比例相差不會太大，以增加解釋能力。

# 第四章 商家需求分析

　　創新服務應用來源大部分是以顧客和服務使用者即業界（商家）之需求上著手，因為業界（商家）在營運過程中，藉由有效掌握現有服務運作，找出服務存在的不便或應用缺口，並依此進行服務創新，以協助企業創造出更高的附加價值。

　　本章第一節為研究概念與架構，由文獻探討科技接受模式，發展出商家需求研究架構。第二節為研究假設，從第一節的架構與推論發展出商家需求研究之假設。由於商家需求研究將以問卷調查方式進行，因此在第三節將介紹變數操作性定義與衡量，第四節則是研究對象與範圍，第五節是資料分析，第六節則是為商家需求分析給予結論與建議。

## 第一節　研究方法與架構

　　科技接受模式，由 Davis 於 1989 年提出，是以理性行為理論（theory of reasoned action, TRA）為基礎，特別針對科技使用行為方面所發展出的模型。理性行為理論模型常用於探討人類行為的意圖（Ajzen and Fishbein, 1980），此理論指出人類行為的表現決定於個人的行為意圖，而行為意圖受個人對此行為的態度（attitude toward behavior）與主觀規範的標準所影響（Davis, 1989）。

Rogers（1983）認為影響個人或決策單位採用創新的因素，主要是五個創新特性（Innovation Characteristics），其中五個特性之一的相容性，當該項新產品與原來的生活方式、需求、價值觀及使用方式相容性較高時，擴散速度加快。本研究根據科技接受模式加入相容性及理性行為理論，探討商家對數位電子看板某種行為的態度，以及和此行為相關的主觀規範（subjective norms toward the behavior）會共同決定其行為意願，本研究架構如圖 4-1。

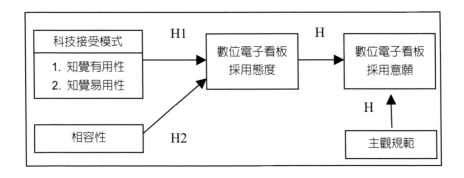

圖 4-1　商家需求研究架構圖

資料來源：本研究統整

# 第二節　研究假設

由圖 4-1 本研究架構可知，探討科技接受模式及相容性對數位電子看板採用態度的影響，進一步再瞭解採用態度及採用意願關係，並探討控制變數主觀規範對商家的採用意願造成的關係。

# 一、以科技接受模式對採用態度關係

　　科技接受模式最主要目的是用來預測和瞭解使用者的行為。根據此理論，個人的某些特定行為表現是由其行為意向所決定，而行為意向又由個人的態度。Davis 認為影響態度的最主要的信念即是兩個認知構面——知覺有用性與知覺易用性。知覺有用性及知覺易用性兩項信念會影響使用者對使用科技的態度，進而影響使用行為意向，而行為意向則進一步影響使用行為（Davis, 1989）。根據文獻，本研究提出下列假設：

　　H1-1：商家對數位電子看板的「知覺有用性」會影響其對數位電子看板的「採用態度」。

　　H1-2：商家對數位電子看板的「知覺易用性」會影響其對數位電子看板的「採用態度」。

# 二、以科技模式為基礎並加入相容性對採用態度間的關係

　　依據相關學者研究發現 Premkumar（1992）相容性、相對利益、知曉程度愈高愈會促使企業採用；成本負擔、複雜程度愈低愈會促使企業採用（Robertson, 1967）。

　　H2：「相容性」會影響商家對數位電子看板的「採用態度」。

## 三、探討採用態度對採用意願的關係

　　科技接受模式 Davis（1989）根據理性行為理論的基本精神，認為影響使用者接受資訊科技行為的外在變數，是透過認知有用性與認知易用性這兩個信念，再經由對使用態度與使用行為意向的影響，然後產生實際系統使用行為，認為信念會影響態度，進而影響意願，再轉而影響實際行為，學者 Agarwal & Prasad（1998）認為人們使用科技行為，意願會受到其使用態度的影響，換言之，當個人對科技使用的態度愈正向，則其想要使用新科技的行為意向就愈強烈，對新科技的接受度也愈高（Davis, 1989）。根據文獻，本研究提出下列假設：

　　H3：商家對數位電子看板的「採用態度」會影響其對數位電子看板的「採用意願」。

## 四、針對主觀規範為控制變數對採用意願間的關係

　　根據學者 Roberson（1989）研究競爭力之影響相關議題，認為主觀規範是指出產業內有愈多的新資訊科技流通，則愈會促成科技的採用（Venkatesh, et al, 2003）。

　　H4：「主觀規範」會影響使用者對數位電子看板的「採用意願」。

# 第三節　變數操作性定義與衡量

本節將針對研究的各變數之操作性定義予以說明，包括知覺有用性、知覺易用性、訊息內容呈現方式、採用態度、採用意願、播放環境。

## 一、知覺有用性

操作定義：「知覺有用性」是指「在組織環境中，使用者對於使用特定的資訊系統將會提高其工作績效或學習表現的期望主觀機率」。其使用者所關心的是對工作表現（包括過程與結果）在期望整體影響。在本研究中特定系統指的就是數位電子看板，能適時適地依使用者所處的位置提供服務。若使用者感覺利用數位電子看板來增進生活品質，則數位電子看板的採用程度就越大。

衡量題項：本研究參考 Davis（1989）所發展有用性量表、Moon & Kim（2001）並加以適當修正。來衡量數位電子看板的知覺有用性。而構面的衡量問項採用李克特（Likert）五點尺度量表法，如表 4-1 所示（周斯畏、張又介，2007）。

表 4-1　知覺有用性之衡量題項

| 變數 | 第一部分題號 | 題項 |
|---|---|---|
| 知覺有用性 | 1 | 我認為數位電子看板可以提供更多行銷所需的即時資訊 |
| | 2 | 我認為數位電子看板可以提昇公司的營收管道 |
| | 3 | 我認為數位電子看板可以增進公司的形象 |
| | 4 | 我認為數位電子看板可以提高公司的競爭力 |

資料來源：本研究統整

## 二、知覺易用性

操作定義:「知覺易用性」是指「商家相信使用特定系統可以不需耗費身體、心智努力的程度」。在本研究中將知覺易用性描述為商家所認知到數位電子看板易用程度。

衡量題項:本研究參考 Davis(1989)所發展有用性量表、Moon & Kim(2001)並加以適當修正。來衡量數位電子看板的知覺有用性。而構面的衡量問項採用李克特(Likert)五點尺度量表法,如表 4-2 所示。

表 4-2 知覺易用性之衡量題項

| 變數 | 第二部分題號 | 題項 |
|---|---|---|
| 知覺易用性 | 1 | 我認為數位電子看板使用是簡單的 |
| | 2 | 我認為數位電子看板使用是容易學習的 |
| | 3 | 我認為數位電子看板的特性是清楚易懂的 |

資料來源:本研究整理

## 三、相容性

操作定義:創新被認為與個人價值觀、過去經驗及需求符合的程度。當個人知覺到創新的相容性愈高,採用創新的可能性愈高。在本研究中定義指商家採用數位電子看板與原來的經營方式、需求、價值觀及相容程度。

衡量題項：本研究參考 Moore 與 Benbasat（1991）所發展相容性量表與林宜洵（2004）的量表，並加以適當修正。來衡量環境感知行動服務的相容性。而構面的衡量問項採用李克特（Likert）五點尺度量表法，如表 4-3 所示。

表 4-3　相容性之衡量題項

| 變數 | 第三部分題號 | 題項 |
|------|------------|------|
| 相容性 | 1 | 我認為採用數位電子看板與公司的推廣理念信念一致 |
| | 2 | 我認為採用數位電子看板能與公司行銷模式相容 |
| | 3 | 我認為採用數位電子看板能符合公司營運管理的需求 |

資料來源：本研究統整

## 四、主觀規範

操作定義：「主觀規範」是指「個人如何看待自己、群體與社會壓力對特定行為的想法或態度」。在本研究中指商家認為自己受到（如：政府推實政策、競爭者、公司主管等）影響以及對自己具有影響力而使用數位電子看板。

衡量題項：本研究參考依 Venkatesh 和 Davis（2000）及 Hung et al.（2003）的量表，並加以適當修正。來衡量數位電子看板的主觀規範。而構面的衡量問項採用李克特（Likert）五點尺度量表法，如表 4-4 所示。

表 4-4　主觀規範之衡量

| 變數 | 第五部分題號 | 題項 |
|---|---|---|
| 主觀規範 | 1 | 我認為政府推廣數位電子看板會增加使用數位電子看板的意圖 |
| | 2 | 我認為政府補助資金會增加公司使用數位電子看板使用的意圖 |
| | 3 | 我認為同業推廣數位電子看板會增加公司使用數位電子看板的意圖 |
| | 4 | 我認為競爭者先使用數位電子看板會增加公司使用數位電子看板的意圖 |

資料來源：本研究統整

# 五、採用態度

操作定義：「態度」是指「一個人對於某種行為所感受到好或不好，或是正面或負面的評價」。在本研究中定義為商家使用數位電子看板正面或負面的感覺。

衡量題項：本研究參考 Moon & Kim（2001）所發展有用性量表並加以適當修正。來衡量數位電子看板的知覺有用性。而構面的衡量問項採用李克特（Likert）五點尺度量表法，如表 4-5 所示。

表 4-5　採用態度之衡量

| 變數 | 第五部分題號 | 題項 |
|---|---|---|
| 採用態度 | 1 | 整體而言，我對於公司使用數位電子看板是好的想法 |
| | 2 | 整體而言，我對於公司使用數位電子看板是正面的評價 |
| | 3 | 整體而言，我支持公司使用數位電子看板 |

資料來源：本研究統整

## 六、採用意願

　　操作定義：「採用意願」根據 Davis（1989）是指「使用者在進行特定行為的意願強度」。在本研究中定義為商家接受數位電子看板的行為意願。

　　衡量題項：本研究參考 Moon & Kim（2001）所發展有用性量表並加以適當修正。來衡量數位電子看板的採用意願。而構面的衡量問項採用李克特（Likert）五點尺度量表法，如表 4-6 所示。

表 4-6　採用意願之衡量

| 變數 | 第六部分題號 | 題項 |
|---|---|---|
| 採用意願 | 1 | 我認為公司未來會願意使用數位電子看板 |
| | 2 | 我認為公司將來會主動使用數位電子看板 |
| | 3 | 我認為公司未來會要求或建議使用數位電子看板 |

資料來源：本研究統整

## 七、人口統計變數

　　除了上述變數之外，本研究還參考人口統計變數，包括有以下如表 4-7 所示。

表 4-7　人口統計之衡量題項

| 構面 | 題項 | 尺度 |
|---|---|---|
| 性別 | 男、女 | 名目尺度 |
| 公司類型 | 14 歲以下、15～17 歲、18～22 歲、23～25 歲、26～30 歲、 | 順度尺度 |

| | 31～35 歲、36～40 歲、41 歲以上 | |
|---|---|---|
| 員工人數 | 3 人以下、4-10 人、10-20 人、20 人-30 人、30 人以上 | 順序尺度 |

資料來源：本研究統整

# 第四節　研究對象與範圍

　　本研究是在探討商家對數位電子看板的使用態度與使用意願。而目前數位電子看板主要的擺放場所，主要以公共場所的比例較高。因此本研究的對象設定為年輕族群與上班族為研究對象。數位電子看板可分為使用者與商家兩個構面，本研究範圍將僅針對使用者採用電子數位看板進行分析探討。

# 第五節　資料分析

　　本研究以問卷發放調查，來作為資料蒐集的方式，即利用學校周遭附近商家來發放問卷。抽樣方法為非機率抽樣中之便利樣本（convenience sample），在確定受測者具有觀看過數位電子看板後，再進行問卷填寫。本問卷發放日期為 2009 年 11 月 2 日至 2009 年 11 月 7 日，共計 6 日，總共發出問卷 30 份，總回收問卷為 28 份；剔除掉無效問卷後，有效問卷共計 27 份。

　　本問卷回收結果，以 SPSS 軟體進行統計分析，本小節分為五個部分，第一部分為樣本結構之敘述性分析，第二部分為問卷題項之信度分析，第三部分為相關係數檢定，第四部分為迴歸分析。

# 一、商家調查回收樣本敍述性統計分析

　　將對問卷內的各項問題進行次數分配、百分比、平均數及交叉分析，從中瞭解受訪者對問卷問題反應的特性及分配情形，以及描述受訪者對數位電子看板認知及人口統計分布情形。

　　此部分問卷發放之方式有二，分別是「實地發放」與「網路問卷」，藉以回收切合主題之問卷樣本，本研究之樣本資料與研究結果分析於下說明之。本研究實際拜訪台北市實踐大學之創新育成中心及周圍商家；與網路問卷發放後，總共回收整體有效樣本為 28 份。在統計的意義上，樣本的大小是取決於所希望樣本的代表性為何，本研究參考一個用來決定樣本大小的公式：

　　樣本大小＝0.25 ×（確定因子/可接受的誤差）2

　　而確定因子（certainty factor）是根據抽樣資料的變異與資料的確定度來決定，而確定因子之計算伴隨想要的確定度，如下所示：

　　想要的確定度　　　80%　　　90%　　　95%
　　確定因子　　　　　1.281　　1.645　　1.960

　　由以上確定度及確定因子可算出，若想要的確定度是 90%的時候，有效樣本大小計算方式 SS，計算如下：

　　SS＝0.25 ×（1.645／0.1）2＝68

　　而在統計的經驗中，變異的標準可將原本公式中的 0.25，替換成 p（1-p），這時候重新帶入公式可求得樣本大小 SS 會變成：

　　SS＝p（1-p）（1.645／0.1）2＝0.1（1-0.1）（1.645／0.1）2＝25

　　由以上公式所帶出的結果可看出，本研究以想要的確定度為 90%的
情況，在確定因子為 1.645 的時候，以兩種不同的計算方式，可得出所
需要的樣本大小為 68 或是 25，兩者皆能代表統計所需的樣本數目。而
本研究最後蒐集之整體有效樣本數為 28 份，介於兩種計算方式之間，
推論可達 90%之有效確定度。

## （一）問卷回收結果

　　本問卷發放日期為 2009 年 11 月 2 日至 2009 年 11 月 7 日，共計 6
日，總共發出問卷 30 份，回收問卷為 28 份，問卷回收率 93.33%；扣
除無效問卷 1 份，有效問卷共計 27 份，有效問卷回收率 90%。如表 4-8。

表 4-8　問卷回收結果

| 項目 | | 樣本數（人） | 百分比（%） |
|---|---|---|---|
| 回收問卷 | 無效問卷 | 1 | 3.33% |
| | 有效樣本 | 27 | 90% |
| 樣本回收率 | | 28 | 93.33% |
| 未回收問卷 | | 2 | 6.67% |
| 總計 | | 30 | 100% |

資料來源：本研究統整

## （二）有效樣本的人口統計資料

　　本研究之「人口統計變量」分為二部分，包含「個人特質」、「社會
經濟特質」，本研究將以此二部分進行敘述統計，並用次數分配與百分
比描述樣本。其描述如下：

### 1. 商家特徵

本研究問卷調查之商家特質，包括性別、年齡、公司類型；如表 4-9
所示。用次數分配與百分比描述樣本，其描述如下：

表 4-9　電子看板商家特徵

| 人口統計變量 | | | 樣本數（人） | 百分比（%） |
|---|---|---|---|---|
| 商家特徵 | 性別 | 男性 | 18 | 66.67% |
| | | 女性 | 9 | 33.33% |
| | | 合計 | 27 | 100% |
| | 公司類型 | 資通訊 | 9 | 33.33% |
| | | 餐飲類 | 7 | 25.93% |
| | | 文創 | 1 | 3.7% |
| | | 服飾 | 1 | 3.7% |
| | | 零售業 | 2 | 7.5% |
| | | 其他 | 7 | 25.93% |
| | | 合計 | 27 | 100% |
| | 員工人數 | 3 人以下 | 3 | 11.1% |
| | | 4-10 人 | 16 | 59.3% |
| | | 10-20 人 | 4 | 14.8% |
| | | 20-30 人 | 0 | 0 |
| | | 30 人以上 | 4 | 14.8% |
| | | 合計 | 27 | 100% |

資料來源：本研究統整

在「商家特質」表格當中表 4-9，性別部分以男性較女性受訪者多，
共 18 人，占總樣本數的 66.67%；在公司類型分布方面，以資通訊所占
比例最高，有 9 人，占總樣本的 33.33%，其次則是餐飲業 25.93%、其
他的 25.93%；在員工人數方面，一間公司以 4-10 人所占的比例最高
59.3%，其次為 10-20 人 14.8%、30 人以上 14.8%。因此本研究以樣本

之「商家」以男性居多 66.67%，公司類型以資通訊最多 33.33%，員工人數 4-10 人 59.3%。

## （三）研究變數之平均數與標準差

### 科技接受模式之統計分析

本研究中在科技接受模式分為兩個構面，兩種特性因素（知覺有用性、知覺易用性）、相容性、採用態度、採用意願、主觀規範其平均數均在 3 以上，介於滿意與普通之間。參考表 4-10、表 4-11、表 4-12、表 4-13、表 4-14、表 4-15。

表 4-10　商家知覺有用性平均數與標準差

| | | 問項題目 | 平均數 | 標準差 |
|---|---|---|---|---|
| 構面一 | 知覺有用性 | 1. 我認為數位電子看板可以提供更多行銷所需的即時資訊 | 4.11 | 0.423 |
| | | 2. 我認為數位電子看板可以提昇公司的營收管道 | 3.81 | 0.681 |
| | | 3. 我認為數位電子看板可以增進公司的形象 | 4.0 | 0.679 |
| | | 4. 我認為數位電子看板可以提高公司的競爭力 | 3.89 | 0.577 |
| | | 知覺有用性整體平均數 | 3.95 | |

資料來源：本研究統整

由表 4-10 可知，在知覺有用性方面，最高為「我認為數位電子看板可以提供更多行銷所需的即時資訊」平均數為 4.11、標準差為 0.423，可觀察出商家對於此問項題目大都一致認為數位電子看板可以提供更多行銷所需的即時資訊，素質很平均，並不會差異很大；而最低則是「我認為數位電子看板可以提昇公司的營收管道」為 3.81、標準差為 0.681，比起其他值是來得高，顯示出商家對此題項回答時是不太平均。

表 4-11　商家知覺易用性平均數與標準差

| 構面二 | 知覺易用性 | 問項題目 | 平均數 | 標準差 |
|---|---|---|---|---|
| | | 我認為數位電子看板使用是簡單的 | 3.96 | 0.649 |
| | | 我認為數位電子看板使用是容易學習的 | 3.89 | 0.577 |
| | | 我認為數位電子看板的特性是清楚易懂的 | 4.11 | 0.698 |
| | | 知覺易用性整體平均分數 | 3.99 | |

資料來源：本研究統整

　　由表 4-11 可知，在知覺易用性方面，最高為「我認為數位電子看板的特性是清楚易懂的」平均數為 4.11、標準差為 0.698，可觀察出商家對於此問項題目大都一致認為數位電子看板的特性是清楚易懂的，但相較於其他標準差值高出一些，顯示出商家對此題項回答時是不太平均；而最低則是「我認為數位電子看板使用是容易學習的」為 3.89、標準差為 0.577，而標準差比起其他值是來得低，顯示出商家對此題項回答時素質平均，差異並不大。

表 4-12　相容性平均數與標準差

| 相容性 | 問項題目 | 平均數 | 標準差 |
|---|---|---|---|
| | 我認為採用數位電子看板與公司的推廣理念信念一致 | 3.51 | 0.643 |
| | 我認為採用數位電子看板能與公司行銷模式相容 | 3.51 | 0.849 |
| | 我認為採用數位電子看板能符合公司營運管理的需求 | 3.41 | 0.844 |
| | 相容性整體平均分數 | 3.48 | |

資料來源：本研究統整

　　由表 4-12 可知，在相容性方面，最高為「我認為採用數位電子看板與公司的推廣理念信念一致」、「我認為採用數位電子看板能與公司行銷模式相容」平均數為 3.51，標準差就有差異，分別為 0.643、0.849，可觀察出商家在回答第一題問項分布平均，差異並不大，但在回答第

二題項時，分布不平均，差異大；而最低則是「我認為採用數位電子
看板能符合公司營運管理的需求」為 3.41、標準差為 0.844，而標準差
比起其他值也是相對頗高，顯示出商家對此題項回答時分布不均，差
異大。

表 4-13　商家採用態度平均數與標準差

| | 問項題目 | 平均數 | 標準差 |
|---|---|---|---|
| 採用態度 | 整體而言，我對於公司使用數位電子看板是好的想法 | 3.926 | 0.616 |
| | 整體而言，我對於公司使用數位電子看板是正面的評價 | 3.889 | 0.751 |
| | 整體而言，我支持公司使用數位電子看板 | 3.63 | 0.839 |
| | 採用態度整體平均數 | 3.815 | |

資料來源：本研究統整

　　由表 4-13 可知，在採用態度方面，最高為「整體而言，我對於公
司使用數位電子看板是好的想法」平均數為 3.926、標準差為 0.616，可
觀察出商家對於此問項題目大都一致認為對於公司使用數位電子看板
是好的想法，而且商家對此題項回答時分布平均；而最低則是「我認為
數位電子看板使用是容易學習的」為 3.89、標準差為 0.577，而標準差
比起其他值是來得低，顯示出商家對此題項回答時素質平均，差異並
不大。

表 4-14　商家採用意願平均數與標準差

| | 問項題目 | 平均數 | 標準差 |
|---|---|---|---|
| 採用意願 | 我認為公司未來會願意使用數位電子看板 | 3.407 | 0.747 |
| | 我認為公司將來會主動使用數位電子看板 | 3.15 | 0.769 |
| | 我認為公司未來會要求或建議使用數位電子看板 | 3.37 | 0.792 |
| | 採用意願整體平均數 | 3.309 | |

資料來源：本研究統整

　　由表 4-14 可知，在採用意願方面，最高為「認為公司未來會願意使用數位電子看板」平均數為 3.407、標準差為 0.747，可觀察出商家對於此問項題目大都一致認為公司未來會願意使用數位電子看板，而且顯示出商家對此題項回答時是素質比較平均；而最低則是「我認為數位電子看板使用是容易學習的」為 3.15、標準差為 0.769，而標準差比起其他值是來得低，顯示出商家對此題項回答時素質平均，差異並不大。

表 4-15　主觀規範平均數與標準差

| | 問項題目 | 平均數 | 標準差 |
|---|---|---|---|
| 主觀規範 | 我認為政府推廣數位電子看板會增加使用數位電子看板的意圖 | 3.63 | 0.883 |
| | 我認為政府補助資金會增加公司使用數位電子看板使用的意圖 | 3.78 | 0.974 |
| | 我認為同業推廣數位電子看板會增加公司使用數位電子看板的意圖 | 3.52 | 0.802 |
| | 我認為競爭者先使用數位電子看板會增加公司使用數位電子看板的意圖 | 3.82 | 0.921 |
| | 主觀規範整體平均數 | 3.69 | |

資料來源：本研究統整

　　由表 4-15 可知，在主觀規範方面，最高為「我認為競爭者先使用數位電子看板會增加公司使用數位電子看板的意圖」平均數為 3.82、標準差為 0.921，可觀察出商家對於此問項題目大都一致認為數位電子看板競爭者使用數位電子看板會增加公司使用數位電子看板的意圖，但相較於其他標準差值高出一些，顯示出商家對此題項回答時是不太平均；而最低則是「我認為同業推廣數位電子看板會增加

公司使用數位電子看板的意圖」為 3.52、標準差為 0.802，而標準差
比起其他值是來得低，顯示出商家對此題項回答時素質平均，差異並
不大。

## 二、信度分析

本研究以 Cronbach's α 來檢定問卷中的信度，根據 Guieford（1965）
提出 α 係數的大小判定所代表的可信程度，如表 4-16 所示。

表 4-16　大小所代表的可信程度表

| α 係數的大小 | 可信程度 |
|---|---|
| α＜0.3 | 不可信 |
| 0.3＜α＜0.40 | 初步的研究，勉強可信 |
| 0.40＜α＜0.50 | 稍微可信 |
| 0.50＜α＜0.70 | 可信（最常見的範圍） |
| 0.70＜α＜0.90 | 很可信（次常見的範圍） |
| 0.90＜α | 十分可信 |

資料來源：Guieford（1965）

本研究於表 4-16，各構面之 Crobach's α 值分別為知覺有用性
0.601、知覺易用性 0.836、採用態度 0.872、採用意願 0.94、主觀規範
0.743，本研究各構面之 Crobach's α 值幾乎都在 0.7 以上，顯示出問卷
各構面擁有高信度值。

表 4-17　Cronbach's α 係數表

| 研究變項 | | Cronbach's α |
|---|---|---|
| 科技接受模式 | 知覺有用性 | 0.601 |
| | 知覺易用性 | 0.836 |
| 相容性 | | 0.872 |
| 採用態度 | | 0.849 |
| 採用意願 | | 0.94 |
| 主觀規範 | | 0.743 |

資料來源：本研究統整

# 三、相關係數分析

　　相關分析的目的在描述兩個連續變數的線性關係，而迴歸是基於兩個變項之間的線性關係，進一步分析兩個變項之間的預測關係（邱皓政，2002）；相關係數（correlation coefficient）是一個介於-1 與 1 之間的數，若兩者的相關係數為-1，則為絕對負相關關係；若兩個量的關係為 1，則為絕對正相關；當相關係數為 0 時，則表示兩者沒有關聯。本研究所使用的相關分析為皮爾森相關係數的檢定，從係數大小可指出兩變數關係的密切程度，相關係數越高則彼此間愈密切，愈低則愈無線性關係。

表 4-18　商家科技模式特性因素與研究構念之 Pearson

| | 知覺有用性 | 知覺易用性 | 相容性 | 主觀規範 | 採用態度 | 採用意願 |
|---|---|---|---|---|---|---|
| 知覺有用性 | 1 | | | | | |
| 知覺易用性 | 0.494** | 1 | | | | |

| 相容性 | 0.602** | 0.245 | 1 | | | |
| 主觀規範 | 0.605** | 0.117 | 0.469* | 1 | | |
| 採用態度 | 0.759** | 0.488** | 0.843** | 0.433** | 1 | |
| 採用意願 | 0.491** | 0.64 | 0.679** | 0.480* | 0.687* | 1 |

註：**代表 P＜0.01；雙尾

資料來源：本研究統整

　　本研究採用 Pearson 相關係數檢定對各因素進行相關分析，由表 4-18 詳列各影響因素相互間的相關程度、平均數與標準差。由表 4-18 可看出，知覺有用性與其他變數間相關程度皆高度相關。而知覺易用性只與商家採用態度高度相關，而針對相容性、主觀規範、採用意願相關性不高。

　　相容性分別與主觀規範、採用態度、採用意願具有高度相關；對相容性來說當個人知覺到數位電子看板的相容性愈高，採用數位電子看板的可能性愈高，顯示商家在對數位電子看板採用態度、採用意願也會呈現正向發展。

　　主觀規範與採用態度與採用意願具有高度相關，由此可知，當商家可能會因為政府政策的推廣、同業競爭者採用程度會促使商家採用數位電子看板。

## 四、迴歸分析

　　迴歸分析（Regression Analysis）是以一個或一組自變數（預測變項，X），來預測一個數值的依變數（被預測變項，Y），而只有一個自變數稱為簡單迴歸，若使用一組自變數則稱為多元迴歸或複迴歸。

## （一）「科技接受模式」對數位電子看板「採用態度」之影響

本研究「科技接受模式」對數位電子看板「採用態度」之影響，利用迴歸分析來檢定對「採用態度」是否有顯著影響。並採取 95%的信賴度，加以檢定。

由表 4-19 得知，在採取 95%的信賴度下，在科技接受模式構面部分，「知覺有用性」與「知覺易用性」分別對數位電子看板的「採用態度」所得 T 值皆達到顯著水準，代表「知覺有用性」、「知覺易用性」對「採用態度」之解釋能力具有統計意義，在統計學的觀點中達到顯著的影響。而從整體看來，F 值為 26.763，達到顯著水準，因此我們可以說科技接受模式的「知覺有用性」與「知覺易用性」會影響「採用態度」。

表 4-19 「科技接受模式」對「採用態度」之迴歸分析表

| 依變數 | 自變數 | | 標準化 β 係數 | T 值 | 假設成立與否 |
|---|---|---|---|---|---|
| 採用態度 | 科技接受模式 | 知覺有用性 | 0.759 | 5.833*** | H1-1 成立 |
| | | 知覺易用性 | 0.488 | 2.799** | H1-2 成立 |

F 值＝26.763
調整後 R2＝0.498

註：*代表 P＜0.05；**代表 P＜0.01；***代表 P＜0.001

資料來源：本研究統整

由以上的統計支持，所以假設 H1-1、H1-2 推論成立。

H1-1：使用者對數位電子看板的「知覺有用性」會影響其對數位電子看板的「採用態度」。

H1-2：使用者對數位電子看板的「知覺易用性」會影響其對數位電子看板的「採用態度」。

## （二）「相容性」對數位電子看板「採用態度」之間的影響

探討「相容性」是否會影響數位電子看板「採用態度」產生正向影響，從實證的角度而言，本研究旨在探討「相容性」對「採用態度」之間有沒有顯著之影響，以「相容性」為自變數，「採用態度」為依變項，進行迴歸分析，並採取 95%的信賴度，加以檢定。

由下表 4-20 可知，在採取 95%的信賴度下，將「相容性」再一次對「採用態度」進行迴歸分析，發現其解釋能力（調整後 R2）為 0.699，F 值為 61.4，達顯著水準，由以上的統計支持，所以假設 2 推論成立。

表 4-20　「相容性」對「採用態度」之迴歸分析表

| 依變數 | 自變數 | 標準化 β 係數 | T 值 | 假設成立與否 |
|---|---|---|---|---|
| 採用態度 | 相容性 | 0.843 | 7.836*** | H2 成立 |

F 值＝61.4
調整後 R2＝0.699

註：*代表 P＜0.05；**代表 P＜0.01；***代表 P＜0.001

資料來源：本研究統整

由以上的統計支持，所以假設 H2 推論成立。

H2：商家對數位電子看板「相容性」會影響其對數位電子看板「採用態度」。

## （三）商家在使用數位電子看板「採用態度」會影響數位電子看板的「採用意願」

單獨探討之數位電子看板「採用態度」能否對「採用意願」產生正向之影響，從實證的角度而言，本研究旨在探討「採用態度」對「採用

意願」有沒有顯著之影響，以「採用態度」為自變數，「採用意願」為依變數，進行迴歸分析，並採取 95%的信賴度，加以檢定。

　　由表 4-21，在採取 95%的信賴度下，「採用態度」對數位電子看板「採用意願」所得到 T 值達到顯著水準，代表「採用態度」之解釋能力具有統計意義，在統計學的觀點中達到顯著的影響。而從整體看來，F 值為 22.284，也同樣達到顯著水準，因此我們可以說「採用態度」會顯著影響「採用意願」。由以上的統計支持，所以假說 H3 推論成立。

表 4-21　「採用態度」對「採用意願」之迴歸分析表

| 依變數 | 自變數 | 標準化 β 係數 | T 值 | 假設成立與否 |
|---|---|---|---|---|
| 採用意願 | 採用態度 | 0.687 | 4.721*** | H3 假設成立 |

F 值＝22.284

調整後 R2＝0.45

註：*代表 P＜0.05；**代表 P＜0.01；***代表 P＜0.001

資料來源：本研究統整

　　由以上的統計支持，所以假設 H3 推論成立。

　　H3：商家對數位電子看板的「採用態度」會影響對數位電子看板的「採用意願」。

## （四）「主觀規範」會影響到商家使用數位電子看板「採用意願」

　　單獨探討「主觀規範」能否對數位電子看板「採用意願」產生正向之影響，從實證的角度而言，本研究旨在探討「主觀規範」對「採用意願」有沒有顯著之影響，以「主觀規範」為自變數，「採用意願」為依變數，進行迴歸分析，並採取 95%的信賴度，加以檢定。

由表 4-22 可知，在採取 95%的信賴度下，「主觀規範」對數位電子看板的「採用意願」所得到 T 值達到顯著水準，代表「主觀規範」之解釋能力具有統計意義，在統計學的觀點中達到顯著的影響。而從整體看來，F 值為 7.486，也同樣達到顯著水準，因此我們可以說「主觀規範」會顯著影響「採用意願」。由以上的統計支持，所以假說 H4 推論成立。

表 4-22　「主觀規範」對「採用意願」之迴歸分析表

| 依變數 | 自變數 | 標準化 β 係數 | T 值 | 假設成立與否 |
|---|---|---|---|---|
| 採用態度 | 主觀規範 | 0.48 | 2.736** | H4 成立 |

F 值＝7.486
調整後 R2＝0.2

註：*代表 P＜0.05；**代表 P＜0.01；***代表 P＜0.001

資料來源：本研究統整

由以上的統計支持，所以假設 H4 推論成立。

H4：「主觀規範」會影響商家使用數位電子看板的「採用意願」。

# 第六節　結論與建議

本研究目的在探討商家採用數位電子看板之使用意向。以科技接受模式為基礎發展的實證模式，並加入相容性，瞭解影響商家採用數位電子看板的因素與採用態度、採用意願之間的關係，並探討主觀規範對其採用意願的差異。經整合研究結果，以提供數位電子看板商家作為未來在經營上訂定策略、設計行銷活動方案之借鏡與參考；本章分成研究結果、實務建議、研究限制以及後續研究建議四部分。

# 一、研究結果

本研究以 Davis 的科技接受模式為基礎,並且加入「相容性」、「主觀規範」這些變數,增加科技接受模式對數位電子看板的解釋能力。經過資料的分析,本研究四大研究假說內容,經實證結果加入適當構面,構面之間關係在迴歸分析下皆獲得統計上支持。表 4-23 為所得出的假設驗證結果,並依序說明本研究所得到的研究結論。

表 4-23 本研究假說結果彙整表

| 研究假說內容 | 驗證結果 |
|---|---|
| 一、「科技接受模式」對數位電子看板「採用態度」之影響 | |
| H1-1:使用者對數位電子看板的「知覺有用性」會影響其對數位電子看板的「採用態度」。 | 成立 |
| H1-2:使用者對數位電子看板的「知覺易用性」會影響其對數位電子看板的「採用態度」。 | 成立 |
| 二、「相容性」對數位電子看板「採用態度」之間的影響 | |
| H2:商家對數位電子看板「相容性」會影響其對數位電子看板「採用態度」。 | 成立 |
| 三、商家在使用數位電子看板「採用態度」會影響數位電子看板的「採用意願」 | |
| H3:商家對數位電子看板的「採用態度」會影響對數位電子看板的「採用意願」。 | 成立 |
| 四、「主觀規範」會影響到商家使用數位電子看板「採用意願」 | |
| H4:「主觀規範」會影響商家使用數位電子看板的「採用意願」。 | 成立 |

資料來源:本研究統整

# （一）商家對數位電子看板科技接受模式特性對採用態度的影響

透過迴歸分析來驗證該項假說，驗證結果皆得到統計上的支持，科技接受模式特性會影響商家對數位電子看板的採用態度。

首先，假說 H1-1：商家對數位電子看板的「知覺有用性」會影響其數位電子看板的「採用態度」。代表商家覺得數位電子看板對於公司的營收管道、形象、競爭力是有幫助的，像是它可以提供商家即時資訊，有助於公司發展更多行銷方案。因此當商家認知到數位電子看板是有用並可讓公司的競爭力提昇，相對的商家對於數位電子看板產生正向態度。

假說 H1-2：商家對數位電子看板的「知覺易用性」會影響其數位電子看板的「採用態度」。數位電子看板的知覺易用性會影響到商家的採用態度，代表在使用數位電子看板時，更容易讓商家使用時簡單清楚易學習的，因此當商家認知到數位電子看板是易用的時候，相對的商家將對數位電子看板產生正向態度。

# （二）相容性對數位電子看板採用態度之間的影響

假說 H2：商家對數位電子看板的「相容性」會影響其數位電子看板的「採用態度」。代表採用數位電子看板與公司的推廣理念信念一致、行銷模式相容、符合公司營運管理的需求，會讓公司或商家在使用數位電子看板時朝正向的態度發展。

## （三）商家對數位電子看板的採用態度對採用意願的影響

數位電子看板採用意願部分，經迴歸分析驗證假設達到顯著水準。假說 H3：商家對數位電子看板的「採用態度」會影響其對數位電子看板的「採用意願」。代表當商家在使用數位電子看板時，對數位電子看板產生正面的評價，會主動或要求、建議公司使用數位電子看板，相對的讓商家對數位電子看板抱持認同的態度而產生正向的採用意願。

## （四）主觀規範對數位電子看板採用意願之影響

透過迴歸分析來驗證該項假說 H4，驗證結果得到統計上的支持，達到顯著水準。H4：「主觀規範」會影響商家使用數位電子看板的「採用意願」。表示當商家在使用數位電子看板時產業內有愈多的新資訊科技流通，則愈會促成科技的採用，當政府在推廣數位電子看板或給予商家資金補助時也會使商家提高對數位電子看板的採用意願。

## 二、實務建議

依據本研究在實證中所獲得之結論，經整合研究結果，提供以下建議給相關數位電子看板業者在日後發展行銷活動上，可提供較佳的方案或建議作為參考。

# （一）提供更多符合顧客個人化需求的資訊服務：強化有用性

在現階段可看到許多新興的數位電子看板，然而商家的推動與使用者實際使用情形，彼此仍存極大差異。主要因數位電子看板缺乏個人化誘因，無法讓一般社會大眾使用者滿足切身效益。應針對不同目標市場，以功能性導向提供個人化的服務。因此，商家業者必須藉由更具特色、提供關鍵的數位電子看板內容來吸引顧客的目光。數位電子看板應符合使用者個人切身需求，提供便利的資訊服務，刺激使用的動機，是商家日後在經營管理制定策略方面或行銷發展上重要的發展方向。

本研究發現數位電子看板與主觀規範彼此間存在相互影響關係，當政府推廣數位電子看板或產業內，與在播放場所使用者注意的程度相關，亦可利用數位電子看板播放場所適時播放一些重要資訊，也可為業者發展可能的行銷方向，即隨時隨地提供社會大眾需要的資訊，以提高數位電子看板效益。

數位電子看板裝置基礎建設慢慢在台灣增加當中，當基礎舖設成熟，亦會促使數位電子看板其中的一些發展商機，會讓商家在進行行銷活動時更積極投入在數位電子看板當中，無形之中形成的商業模式會帶給商家對數位電子看板使用上感受「有用性」。如此良性循環的結果，將可預見數位電子看板這項新科技蓬勃發展。

# （二）研究限制

本研究雖力求嚴謹，但限於時間、人力與財力等因素，故有以下限制：
1. 本研究探討數位電子看板時，但因設備限制因素，無法探討與商家互動機制。

2. 由於研究的資源有限，所以以問卷發放的方式來進行，但礙於時間、財力因素，無法蒐集大量問卷，可能造成樣本數不足，解釋能力受到限制。

## 三、後續研究建議

### （一）擴充研究變數領城探討

　　Davis（1989）表示如想要以科技接受模式探討新興科技的認知與行為，可以增加其他變數，以使此模式的預測能力更準確，由於國內關於數位電子看板的研究並不多，因此可再增加像是商家對於數位電子看板滿意度、使用成效等變數，來探討數位電子看板使用後的行為。因此後續研究可再增加一些相關於數位電子看板的影響變數。

### （二）擴充樣本抽樣層級

　　本研究以問卷方式蒐集樣本，但限於時間、人力與財力，所蒐集到的樣本數並不多，因此建議後續研究能蒐集更多的樣本數，使研究更有信度及效度，以增加說服力。

### （三）實體設備驗證

　　目前只針對商家做問卷的發放，對於數位電子看板所獲得的資訊有限，因此後續研究在做商家調查時，有實體機器在旁輔助，過程中可經

由商家實體操作機器，更能瞭解商家對於數位電子看板使用情形，對於商家採用數位電子看板的態度及意願將有很大的幫助，另一面方在對於往後的研究更有助益。

# 第五章　數位電子看板應用服務驗證方法

　　由於在服務正式建置與上市之前，一定要進行服務實測，實測的結果作為正式上市前最後調整措施的基礎，這些措施與服務產品的組成要素有關。整個測試的重點是加入「使用者」的參與。因此，在服務實驗中如何保證用戶的參與，以及如何確保用戶參與的成效與便利，是 SEE 方法第三階段 Design Lab 實施時的重點。這些服務研發活動要有相應的方法。在此階段服務實驗工作可分為概念驗證、服務驗證與商業驗證三類。本階段即是針對數位電子看板服務進行服務驗證。

## 第一節　服務驗證

　　服務驗證的重點，是針對企業想提供給消費者的服務特性與模型進行客觀且可被測量的驗證工作。該階段重點為服務接受度測試與使用者測試。服務驗證方法包括：關鍵驗證服務模式設計、服務驗證環境建構、使用者接受度、服務品質與服務效率等部分。

# 一、關鍵驗證服務模式設計

在關鍵驗證服務模式設計之前，應先針對服務實施的議題分析，從中訂定服務驗證的目的，再依據所分析出的議題與服務實驗的目的，進行要被驗證的關鍵服務模式分析與規劃，最後產生出要被驗證的服務模式內容。

# 二、服務驗證環境建構

即建構整個服務驗證的環境，亦為服務實驗現場的規劃。

# 三、使用者接受度

使用者對於服務的接受度與認同是服務驗證成功的重要關鍵，因此需先挑選出受測者對其可採取問卷、儀器、測驗等方式來取得使用者對於該服務的接受度。

# 四、服務品質與效率

在服務驗證中，服務品質與服務效率的影響因素是一個很重要的概念，因為在服務驗證過程中產生的任何誤差，都可能會左右服務驗證的績效或產生的標準或準則。

# 第二節　研究背景

## 一、服務主因

### （一）行銷功能的角度

數位電子看板以多媒體呈現效果，已逐漸代替傳統平面媒體看板市場。然而廣告主仍舊無法掌握經過之人流、實際觀看人數以及觀看時間等重要訊息。故提出此服務應用希冀能夠掌握該資訊，找出特定商品與對應顧客的關係。

### （二）環保意識

環保意識抬頭亦是造成數位電子看板興起主因。傳統廣告使用紙張、布料與塑膠等材質，在歐美市場已逐步淘汰。

### （三）提供即時的訊息

傳統的看板在施作完成後，其內容是無法變更的，如需更改則需要重新施作設計看板。相較於傳統看板的無法變更性，數位電子看板提供了多樣與變化的特色。在看板安裝完畢後，如需更改播放內容，僅需簡單的重新設定即可。現在無線網路蓬勃發展的同

時，亦可利用無線網路的控制來提供最即時內容，無須繁雜的工程施作。

## 二、服務架構

此服務之架構為安裝數位電子看板播放系統，該系統主要是提供一個放置廣告或資訊的播放平台，藉由系統不中斷的連續播放其資訊內容，以達到資訊宣傳與傳播的功能。

除了數位電子看板播放系統外，亦有安裝偵測系統，以即時觀看偵測與分析，偵測出觀看顧客的性別、人數等。

## 三、目標任務

以消費者的感受為依歸，藉由播放於數位電子看板中的影片，希望提供使用者「即時、正確」的資訊，進而成為使用者心中的最佳傳播媒體。

而服務提供者亦可藉由數位電子看板的應用分析消費者的消費心態，進而瞭解市場的需求與動向。

# 第三節　數位電子看板應用服務驗證作法

## 一、關鍵驗證服務模式設計

### （一）服務傳遞模式

#### 1.複雜度

複雜度低，消費者僅需擔任資訊接收者即可。但是，服務所提供的內容對於消費者而言則相當重要。若播放的內容為消費者感興趣時，相對的消費者對於服務評價也會較高。

#### 2.標準化程度

該數位看板廣告播放器為標準化設計，有完整的模式。可套用於多家商家。

#### 3.授權程度

可依情況提供彈性化的服務，服務提供者在服務流程中，能依照實際的狀況與所擁有的內容來進行更改播放的版面與形式。

## （二）服務架構

### 1.系統架構

　　本系統架構前台為數位看板廣告播放器、影像辨識器，後台為數位看板廣告編輯器。數位看板廣告播放器透過 Java Runtime Environment（JRE）提供廣告播放功能，可播放 AVI、MPEG4、MPEG、MPEG2、WMV、DivX、Xvid、 FLV、TS、PowerPoint、SWF、GIF、JPEG、PNG、HTML 等多媒體檔案及跑馬燈功能。數位看板廣告播放器支援 SMIL 格式，可解析 SMIL 檔案呈現所描述之畫面配置、多媒體內容及播放排程。

　　影像辨識器運用 OpenCV 提供人臉偵測、性別辨識、人流計次等功能。數位看板廣告編輯器透過 ZK 架構來實作開發 WEB 介面之後台系統，底層資料庫採用 MySQL。使用者透過瀏覽器可設定媒體內容、播放版面、播放清單及排程，數位看板廣告播放器及影像辨識器透過 Java Message Service Server 傳送訊息及檔案至前台與後台系統。

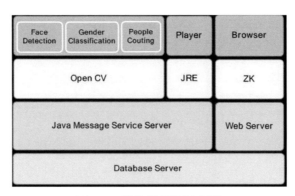

圖 5-1　數位看板系統架構

資料來源：資策會

## 2.系統模組

　　本系統模組架構主要分成影像辨識模組（C1）、數位看板播放器模組（C2）、JMS 客戶端模組（C3）、JMS 伺服器模組（C4）、數位看板編輯器模組（C5）。影像辨識模組提供人臉偵測、性別辨識、人流計次。數位看板播放器模組提供解析播放排程描述檔及播放廣告媒體功能。如圖 5-2。

　　JMS 客戶端模組提供客戶端傳遞及接受訊息及檔案，JMS 伺服器模組提供伺服器傳遞及接受訊息及檔案、存取資料庫功能。數位看板編輯器模組提供使用者設定媒體內容、播放版面、播放清單及排程功能。

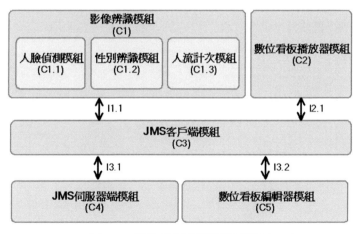

圖 5-2　數位看板系統模組架構圖

資料來源：資策會

　　表 5-1 是產品組件編號總表，包括 8 個編號、產品組件名稱和產品組件說明。

表 5-1　產品組件編號總表

| 產品組件編號 | 產品組件名稱 | 產品組件說明 |
|---|---|---|
| C1 | 影像辨識模組 | 提供人臉偵測、性別辨識、人流計次。 |
| C1.1 | 人臉偵測模組 | 從攝影機畫面，擷取到人臉。<br>記錄觀看者的觀看時間、觀看秒數。 |
| C1.2 | 性別辨識模組 | 從攝影機畫面，擷取到人臉辨識性別。 |
| C1.3 | 人流計次模組 | 從攝影機畫面，擷取到人臉。 |
| C2 | 數位看板播放器模組 | 提供解析播放排程描述檔及播放廣告媒體功能。 |
| C3 | JMS 客戶端模組 | 提供客戶端傳遞及接受訊息及檔案。 |
| C4 | JMS 伺服器端模組 | 提供客戶端傳遞及接受訊息及檔案。 |
| C5 | 數位看板編輯器模組 | 提供使用者設定媒體內容、播放版面、播放清單及排程功能。 |

資料來源：資策會

　　表 5-2 是依據功能架構圖所界定的介面關係，詳細定義之介面規格需求。

表 5-2　介面需求總表

| 介面清單編號 | 介面名稱 | 介面需求說明 | 介面類型 |
|---|---|---|---|
| I-1.1 | 影像辨識介面 | 傳遞內容包含觀看者 ID、觀看起始時間、觀看結束時間、觀看秒數、觀看者性別、每 30 分鐘的行人數。 | 訊息 |
| I-2.1 | 數位看板播放器介面 | 傳遞包含多媒體檔案、多媒體播放描述檔、檔案名稱。 | 訊息、檔案 |
| I-3.1 | JMS 通訊介面 | 傳遞包含 log 檔案、log 檔案名稱。 | 訊息、檔案 |
| I-3.2 | 數位看板編輯器介面 | 傳遞包含多媒體檔案、多媒體播放描述檔、檔案名稱。 | 訊息 |

資料來源：資策會

## 二、服務驗證環境設計

本研究驗證地點為實踐大學校內之誠品書店實踐大學門市，本研究案之設備包含 37 吋液晶螢幕、商用電腦、以及 Web Cam 各一，配置於誠品正門之玻璃帷幕後，其看板的規格如下表。

表 5-3　數位電子看板規格表

| 設備名稱 | 廠牌 | 型號 | 規格 |
|---|---|---|---|
| 數位電子看板 | 大同 TATNUG | V37EAKR | 37 吋 |
| 商用電腦 | HP | Compaq dc7900 Convertible Minitower PC | CPU：3.0GHz 硬碟：500G 記憶體：2GB |
| 顯示卡 | 技嘉 Gigabyte | HD4650 | 1GB |
| Web Cam | Microsoft | VX-2000 | 130 萬畫素 |
| 作業系統 | Microsoft | Windows XP | |

資料來源：本研究統整

本計畫與誠品書店實踐大學門市合作，由資策會以及實踐大學免費提供設備及服務予誠品實踐大學單點門市進行合作測試，數位看板廣告內容提供誠品以及誠品門市樓上商家相關活動資訊進行輪播。並於每日開店時啟動數位電子看板。除了安裝數位看板播放器之外，亦有安裝人臉偵測、性別辨識、人流計次之系統，以詳細記錄每日的人員流動量與觀看人數。安裝後之驗證環境如圖 5-3 所示。

圖 5-3　數位電子看板實體環境

資料來源：本研究統整

# 三、服務驗證執行

## （一）受測者與研究方法

　　本研究所採用的方法採用問卷調查與觀察法。其主要的受測者為實踐大學師生與大直地區社區居民為實證對象。

　　本研究在發放問卷之前，先針對實踐大學資訊科技與管理學系部分同學與大直地區社區居民，進行數位電子看板的介紹與相關說明，並且使其實際觀看數位電子看板的服務，使用後再依據自身的觀感來填寫問卷。

　　另外，亦於實測的環境中裝設 Web Cam 以作為觀察與記錄人流、人臉偵測與性別辨識的觀測工具，藉此進行資料的分析。

## （二）數位電子看板服務品質與服務績效分析

### 1. 影響因素

對於影響數位電子看板服務的因素主要可以區分為以下三點，分別為播放內容、環境因素、更新速度。下面將會針對該因素再詳細列出其要素。

（1）播放內容

播放形式又可分為播放內容的種類與播放畫面的配置以及播放內容的豐富度。其中播放內容的種類包含了播放文字、圖片、動畫、文字加圖片、文字加動畫、圖片加動畫、文字加圖片加動畫等。

由於播放的種類不同進而亦會影響整個播放畫面的配置，要如何配置出吸引消費者目光的版面，則為相當重要的影響要素之一。另外，播放的內容豐富度與否，亦是影響消費者目光的主要因素之一，倘若僅只有一、兩個內容在重複播放，對於使用者而言則沒有吸引力，亦不會吸引其目光。

（2）環境

環境影響為數位電子看板服務品質與服務效率的重要因素。可分為播放螢幕大小、放置位置、動線規劃。

播放的螢幕大小要依據擺放數位看板的空間而定，若在空曠的展場僅擺設小型的看板，相較於擺放大型看板較難吸引目光。此外，螢幕的大小亦會影響其內容的呈現。如 10 吋的看板要播放文字加圖片加動畫，其分割出的框架則會過小而無法有好的畫面呈現；反之，若 42 吋的看板僅播放文字時，又會顯得其空洞單調。

　　放置位置則放至醒目的位置為佳，以達到即時宣傳的功用。動線規劃亦是放至醒目的位置為佳，但盡量避免為了達到醒目的效果而影響客流動線，則可能會造成適得其反的情況產生。

（3）更新速度

　　播放內容的更新速度可分為例行性的資訊與緊急性的資訊。例行性的資訊指的是平常數位電子看板所播放之內容，其更新速度可以依據自身所擁有的內容來進行更新；緊急性的資訊則是若有較為緊急的資訊需要傳達時能夠及時的更新其播放內容。

　　針對上述其影響因素，以系統化的確認各影響因素間的互動關係，以找出影響服務品質與服務效率的關鍵影響因素。其關鍵因素矩陣表如下表所示。影響因素矩陣表內之數值代表為其有相互影響的要素。

表 5-4　數位電子看板之影響因素矩陣表

| 影響因素 | 1 | 2 | 3 | 4 | 5 | 6 | 7 | 8 | 9 | 10 | 11 | 12 | 13 | 影響要素 |
|---|---|---|---|---|---|---|---|---|---|---|---|---|---|---|
| 播放內容 | | | | | | | | | | | | | | 1.播放文字 |
| | | | | | | | | | | | | | | 2.播放圖片 |
| | | | | | | | | | | | | | | 3 播放動畫 |
| | | | | | | | | | | | | | | 4.播放文字加圖片 |
| | | | | | | | | | | | | | | 5.播放文字加動畫 |
| | | | | | | | | | | | | | | 6.播放圖片加動畫 |
| | | | | | | | | | | | | | | 7.播放文字加圖片加動畫 |
| | | | | | | | | | | | | | | 8.播放內容的豐富度 |
| | | | | 4 | 5 | 6 | 7 | | | | | | | 9.播放內容的配置 |
| 環境 | 1 | 2 | 3 | 4 | 5 | 6 | 7 | | 9 | | | | | 10.螢幕大小 |
| | | | | | | | | | | 10 | | | | 11.螢幕放置位置 |
| | | | | | | | | | | 10 | 11 | | | 12.動線規劃 |
| 更新速度 | | | | | | | | 8 | | | | | | 13.例行性的資訊 |
| | | | | | | | | | | | | | | 14.緊急性的資訊 |

資料來源：本研究統整。

## 2. 主要關鍵因素

由表 5-4 中得知主要的影響要素為螢幕大小、播放內容的配置、動線規劃、螢幕放置位置與例行性的資訊。其螢幕大小會與 1.播放文字、2.圖片、3.動畫、4.文字加圖片、5.文字加動畫、6.圖片加動畫、7.文字加圖片加動畫以及 9.播放內容的配置相互影響。由於播放的內容形式與配置，皆會受限於 10.螢幕的大小，要如何在有限的尺寸中有效的展示內容相當重要。

播放內容的配置則會與 4.文字加圖片、5.文字加動畫、6.圖片加動畫、7.文字加圖片加動畫互相影響。播放多個種類的內容，要如何有效的配置整體畫面相當重要。

動線規劃則與 10.螢幕大小與 11.螢幕放置位置有相互影響。在規劃整個環境的動線時會依據螢幕大小與放置位置來進行規劃，以規劃出最適當的路線。而放置的位置亦是如此，需針對螢幕的大小來挑選出最適當的位置，再針對其擺設後的位置規劃出最適當的動線。

例行性的資訊主要與 8.播放內容的豐富度相互影響。例行性的資訊主要是播放目前所擁有的資訊。倘若其內容貧乏即表示未進行適時的更新，其往往會影響服務品質與服務效率。

## 3. 實際使用量

實際使用量，係利用人臉偵測、性別辨識、人流計次之系統，並使用 Web Cam 錄影記錄每日經過數位電子看板之人潮流量與實際觀看看板之人數。本計畫與誠品書店實踐大學門市計畫合作的時間從 2009 年 7 月 1 日至 2009 年 11 月 31 日為止，由於廠商寄送數位電子看板時間延遲，故於 2009 年 8 月 20 日安裝整套系統。安裝完畢後發現數位電子看板螢幕出現問題，於 2009 年 9 月 23 日更換新螢幕。經過更換看板與系

統調整後 2009 年 9 月 26 日起的資料量便趨於穩定。故將記錄日期起始日期設定為 2009 年 9 月 26 日。整體記錄日期為 2009 年 9 月 26 日至 2009 年 10 月 31 日，共計 36 日。總計經過人數為 257,024 人，其中有觀看數位電子看板之人數為 21,870 人。

本階段，分為三個部分，第一部分針對看板播放日期進行分析；第二部分則針對播放時段進行分析；第三部分為觀看看板之性別進行分析。

（1）播放日期

實際使用量之記錄日期為 2009 年 9 月 26 日至 2009 年 10 月 31 日，共計 36 日。總計經過人數為 257,024 人，其中有觀看數位電子看板之人數為 21,870 人。

表 5-5 為經過總人數與觀看看板人數之統計表。由表中可以發現，由於受測之地點為誠品書店實踐大學門市，該門市位於實踐大學校園內，故於假日時校園中的人潮相較於非假日時要少，其人潮主要則是以大直地區社區居民為主，非假日則以實踐大學學生為主。

儘管非假日時人潮眾多，但其多為繁忙的學生，其可能欲前往上課，故較無意願去觀看電子看板。反觀假日時雖然缺少了學生這龐大的人潮，該時段悠閒的社區居民，相較於前者無意願或沒時間觀看電子看板，後者則較有時間與意願願意觀看數位電子看板。

表 5-5　每日總人數與觀看人數之統計表

| 日期 | 總人數 | 觀看人數 | 百分比（%） |
|---|---|---|---|
| 2009/9/26（六） | 7399 | 325 | 43.92% |
| 2009/9/27（日） | 2474 | 386 | 15.60% |
| 2009/9/28（一） | 8964 | 616 | 6.87% |
| 2009/9/29（二） | 8453 | 556 | 6.58% |
| 2009/9/30（三） | 9074 | 674 | 7.43% |

| 2009/10/1（四） | 7975 | 559 | 7.01% |
|---|---|---|---|
| 2009/10/2（五） | 6599 | 629 | 9.53% |
| 2009/10/3（六） | 1968 | 258 | 13.11% |
| 2009/10/4（日） | 1922 | 571 | 29.71% |
| 2009/10/5（一） | 7964 | 903 | 11.34% |
| 2009/10/6（二） | 8788 | 787 | 8.96% |
| 2009/10/7（三） | 8203 | 706 | 8.61% |
| 2009/10/8（四） | 8800 | 780 | 8.86% |
| 2009/10/9（五） | 7085 | 613 | 8.65% |
| 2009/10/10（六） | 1713 | 423 | 24.69% |
| 2009/10/11（日） | 1765 | 553 | 31.33% |
| 2009/10/12（一） | 8669 | 564 | 6.51% |
| 2009/10/13（二） | 8470 | 688 | 8.12% |
| 2009/10/14（三） | 9146 | 309 | 3.38% |
| 2009/10/15（四） | 9690 | 767 | 7.92% |
| 2009/10/16（五） | 8210 | 633 | 7.71% |
| 2009/10/17（六） | 4928 | 482 | 9.78% |
| 2009/10/18（日） | 2768 | 415 | 14.99% |
| 2009/10/19（一） | 9338 | 657 | 7.04% |
| 2009/10/20（二） | 8664 | 669 | 7.72% |
| 2009/10/21（三） | 9414 | 570 | 6.05% |
| 2009/10/22（四） | 8376 | 772 | 9.22% |
| 2009/10/23（五） | 6609 | 862 | 13.04% |
| 2009/10/24（六） | 4181 | 853 | 20.40% |
| 2009/10/25（日） | 3263 | 457 | 14.01% |
| 2009/10/26（一） | 10557 | 646 | 6.12% |
| 2009/10/27（二） | 10589 | 668 | 6.31% |
| 2009/10/28（三） | 10775 | 610 | 5.66% |
| 2009/10/29（四） | 9868 | 694 | 7.03% |
| 2009/10/30（五） | 8809 | 671 | 7.62% |
| 2009/10/31（六） | 5554 | 544 | 9.79% |
| 合計 | 257024 | 21870 | 8.51% |
| 平均人數 | 7139.56 | 607.5 | |

資料來源：本研究統整

117

（2）播放時段

表 5-6 為各時段總人數與實際觀看人數之統計表，其時段之區隔以一小時為間格，詳細記錄每一小時中人潮流量與實際觀看看板之人數。

由表 5-6 可以得知主要的觀看人數坐落於下午 4 點之後，由於該時段為多數學生放學之時段；此外，下午 6 點之後，亦有許多大直地區社區居民以及實踐大學進修部的同學於看板放置處活動，故該時段相較於之前有較多時間可以觀看看板。

表 5-6　各時段總人數與觀看人數之統計表

| 時段 | 總人數 | 觀看人數 | 百分比（%） |
|---|---|---|---|
| 10:00 前 | 1226 | 20 | 1.63% |
| 10:00-10:59 | 18337 | 664 | 3.62% |
| 11:00-11:59 | 16913 | 586 | 3.46% |
| 12:00-12:59 | 53046 | 1461 | 2.75% |
| 13:00-13:59 | 24118 | 1021 | 4.23% |
| 14:00-14:59 | 15210 | 1143 | 7.51% |
| 15:00-15:59 | 21159 | 1732 | 8.19% |
| 16:00-16:59 | 18857 | 2174 | 11.53% |
| 17:00-17:59 | 24296 | 2779 | 11.44% |
| 18:00-18:59 | 22410 | 2671 | 11.92% |
| 19:00-19:59 | 24382 | 2636 | 10.81% |
| 20:00-20:59 | 16670 | 2534 | 15.20% |
| 21:00 後 | 10420 | 2449 | 23.50% |
| 合計 | 257024 | 21870 | 8.51% |

資料來源：本研究統整

（3）性別分析

表 5-7 為觀看人數之性別統計表。本研究從性別辨識系統記錄的資料統整出本表。在統整後發現主要觀看者多為男性。

表 5-7　觀看性別統計表

| 日期 | 觀看人數 | 男 | | 女 | |
|---|---|---|---|---|---|
| | | 人數 | 百分比 | 人數 | 百分比 |
| 2009/9/26（六） | 325 | 322 | 99.08% | 3 | 0.92% |
| 2009/9/27（日） | 386 | 386 | 100% | 0 | 0 |
| 2009/9/28（一） | 616 | 606 | 98.38% | 10 | 1.62% |
| 2009/9/29（二） | 556 | 546 | 98.20% | 10 | 1.80% |
| 2009/9/30（三） | 674 | 660 | 97.92% | 14 | 2.08% |
| 2009/10/1（四） | 559 | 549 | 98.21% | 10 | 1.79% |
| 2009/10/2（五） | 629 | 622 | 98.89% | 7 | 1.11% |
| 2009/10/3（六） | 258 | 255 | 98.84% | 3 | 1.16% |
| 2009/10/4（日） | 571 | 568 | 99.47% | 3 | 0.53% |
| 2009/10/5（一） | 903 | 861 | 95.35% | 42 | 4.65% |
| 2009/10/6（二） | 787 | 759 | 96.44% | 28 | 3.56% |
| 2009/10/7（三） | 706 | 673 | 95.33% | 33 | 4.67% |
| 2009/10/8（四） | 780 | 743 | 95.26% | 37 | 4.74% |
| 2009/10/9（五） | 613 | 586 | 95.60% | 27 | 4.40% |
| 2009/10/10（六） | 423 | 420 | 99.29% | 3 | 0.71% |
| 2009/10/11（日） | 553 | 551 | 99.64% | 2 | 0.36% |
| 2009/10/12（一） | 564 | 540 | 95.74% | 24 | 4.26% |
| 2009/10/13（二） | 688 | 652 | 94.77% | 36 | 5.23% |
| 2009/10/14（三） | 309 | 299 | 96.76% | 10 | 3.24% |
| 2009/10/15（四） | 767 | 720 | 93.87% | 47 | 6.13% |
| 2009/10/16（五） | 633 | 587 | 92.73% | 46 | 7.27% |
| 2009/10/17（六） | 482 | 450 | 93.36% | 32 | 6.64% |
| 2009/10/18（日） | 415 | 398 | 95.90% | 17 | 4.10% |
| 2009/10/19（一） | 657 | 592 | 90.11% | 65 | 9.89% |
| 2009/10/20（二） | 669 | 634 | 94.77% | 35 | 5.23% |
| 2009/10/21（三） | 570 | 518 | 90.88% | 52 | 9.12% |
| 2009/10/22（四） | 772 | 704 | 91.19% | 68 | 8.81% |
| 2009/10/23（五） | 862 | 825 | 95.71% | 37 | 4.29% |
| 2009/10/24（六） | 853 | 828 | 97.07% | 25 | 2.93% |
| 2009/10/25（日） | 457 | 447 | 97.81% | 10 | 2.19% |
| 2009/10/26（一） | 646 | 601 | 93.03% | 45 | 6.97% |
| 2009/10/27（二） | 668 | 613 | 91.77% | 55 | 8.23% |
| 2009/10/28（三） | 610 | 572 | 93.77% | 38 | 6.23% |
| 2009/10/29（四） | 694 | 644 | 92.80% | 50 | 7.20% |
| 2009/10/30（五） | 671 | 636 | 94.78% | 35 | 5.22% |
| 2009/10/31（六） | 544 | 522 | 95.96% | 22 | 4.04% |
| 合計 | 21870 | 20889 | 95.51% | 981 | 4.49% |

資料來源：本研究統整

## （三）數位電子看板服務接受度分析

### 1.研究方法

　　此構面採實驗調查法，於問卷發放前先進行數位電子看板的介紹與說明，並實際觀看數位電子看板的服務，依自身的觀感來填寫問卷。其主要的受測者為實踐大學師生與大直地區社區居民為實證對象。

### 2.使用態度與行為意圖

　　科技接受模式，為 Davis 於 1989 年所提出，特別針對科技使用行為方面所發展出的模型。本研究以此為基礎，探討使用者對於「數位電子看板」此新科技的使用態度與行為意圖。本研究採用科技接受模式為基礎設計出針對使用者的使用態度與行為意圖之問卷，詳見附件三。

圖 5-4　使用者接受度研究架構

資料來源：本研究統整

### （1）研究假設

　　由圖 5-4 本研究架構可知，先探討科技接受模式其知覺有用性與知覺易用性彼此間之影響，再探討科技接受模式其知覺有用性與知覺易用

性對於數位電子看板的使用態度之影響，再進一步瞭解使用態度與使用意願之關係，以及知覺有用性與使用意願之關係。

### A. 以知覺易用性對知覺有用性之關係

科技接受模式最主要的目的是用來預測與瞭解使用者接受資訊科技的行為，並試圖分析影響使用者接受新資訊科技的各項因素。而其中最重要的兩個因素即為「知覺有用性」與「知覺易用性」（Davis, 1989）。根據文獻，本研究提出下列假設：

H1：使用者對於數位電子看板的「知覺易用性」會影響其對數位電子看板的「知覺有用性」。

### B. 以知覺有用性與知覺易用性對使用態度之關係

科技接受模式最主要的目的是用來預測與瞭解使用者接受資訊科技的行為，並試圖分析影響使用者接受新資訊科技的各項因素。Davis認為影響態度最主要的因素為「知覺有用性」與「知覺易用性」，此外使用態度亦會進一步的影響使用者的使用意願（Davis, 1989）。根據文獻，本研究提出下列假設：

H2：使用者對於數位電子看板的「知覺有用性」會影響其對數位電子看板的「使用態度」。

H3：使用者對於數位電子看板的「知覺易用性」會影響其對數位電子看板的「使用態度」。

### C. 探討使用態度對使用意願之關係

科技接受模式根據理性行為理論的基本精神，認為信念會影響態度，進而影響意願，再轉而影響實際行為。Agarwal & Prasad 於 1989 年亦提出人們使用科技行為，意願會受到其使用態度的影響，換言之，當個人對科技接受的態度愈正向，其想要使用新科技的行為意向就愈強烈，對於新科技的接受度也愈高。根據文獻，本研究提出下列假設：

H4：使用者對於數位電子看板的「使用態度」會影響其對數位電子看板的「使用意願」。

### D. 探討知覺有用性對使用意願之關係

科技接受模式認為其知覺有用性會影響到使用科技的態度，進而影響到實際的具體行為表現。根據文獻，本研究提出下列假設：

H5：使用者對於數位電子看板的「知覺有用性」會影響其對數位電子看板的「使用意願」。

### （2）變數操作性定義與衡量

針對研究的各項變數之操作性定義予以說明，其包含知覺有用性、知覺易用性、使用態度、使用意願。

### A. 知覺有用性

操作定義：「知覺有用性」是指「使用資訊系統能否使其工作更快、更容易完成、提高績效、提高生產力等」。其使用者關心的是對工作表現在期望整體影響。本研究中資訊系統指的就是數位電子看板，能適時適地的依使用者所處之位置提供服務。若使用者感覺利用數位電子看板可用來增進生活品質，則數位電子看板的採用程度即越大。

衡量題項：本研究參考 Davis（1989）所發展有用性量表、Moos & Kim（2001）並加以適當修正。來衡量數位電子看板的知覺有用性。而構面的衡量問項採用李克特（Likert）五點尺度量表法，如表 5-8。

表 5-8　知覺有用性之衡量題項

| 變數 | 第一部分題號 | 題項 |
|---|---|---|
| 知 | 1 | 數位電子看板服務能夠有效支援我的需求 |
| 覺 | 2 | 使用數位電子看板，對我的工作或生活是有用的 |
| 有 | 3 | 數位電子看板將有助於改善我的工作或生活品質 |
| 用 | 4 | 數位電子看板能有助於提昇我的工作或生活效率 |
| 性 | 5 | 整體而言，使用數位電子看板對我在資料的蒐集是有用的 |

資料來源：本研究統整

### B. 知覺易用性

操作定義：「知覺易用性」是指「對於使用者而言，該資訊系統是否容易學習、清楚易懂、容易操作、具有彈性等」。本研究中將知覺易用性描述為使用者瞭解與操作後對於數位電子看板之易用程度。

衡量題項：本研究參考 Davis（1989）所發展有用性量表、Moon & Kim（2001）並加以適當修正。來衡量數位電子看板的知覺有用性。而構面的衡量問項採用李克特（Likert）五點尺度量表法，如表 5-9。

表 5-9　知覺易用性之衡量題項

| 變數 | 第二部分題號 | 題項 |
|---|---|---|
| 知覺易用性 | 1 | 我認為使用數位電子看板是容易的 |
| | 2 | 我認為使用數位電子看板查詢我要的資訊是容易的 |
| | 3 | 對我而言，我可以輕易的熟練使用數位電子看板 |
| | 4 | 學習使用數位電子看板不會花費我太多的心力 |

資料來源：本研究統整

### C. 使用態度

操作定義：「態度」是指「一個人對於某種行為所感受到好或不好，或是正面或負面的評價」。本研究中定義為使用者使用數位電子看板感受到好或不好的感覺。

表 5-10　使用態度之衡量題項

| 變數 | 第三部分題號 | 題項 |
|---|---|---|
| 使用態度 | 1 | 我認為使用數位電子看板是好的想法 |
| | 2 | 我對於使用數位電子看板是抱持正面的評價 |
| | 3 | 我認為使用數位電子看板來查詢資訊是比較好的方式 |
| | 4 | 我認為數位電子看板是值得大家來使用的 |
| | 5 | 我認為使用數位電子看板來獲取資訊是一個愉快的經驗 |

資料來源：本研究統整

衡量題項：本研究參考 Moos & Kim（2001）所發展有用性量表並加以適當修正。來衡量數位電子看板的使用態度。而構面的衡量問項採用李克特（Likert）五點尺度量表法，如表 5-10。

### D. 使用意願

操作定義：「使用意願」根據 Davis（1989）是指「使用者在進行特定行為的意願強度」。在本研究中定義為使用者接受數位電子看板的行為意願。

衡量題項：本研究參考 Moos & Kim（2001）所發展有用性量表並加以適當修正。來衡量數位電子看板的使用意願。而構面的衡量問項採用李克特（Likert）五點尺度量表法，如表 5-11。

表 5-11　使用意願之衡量題項

| 變數 | 第四部分題號 | 題項 |
|---|---|---|
| 使用意願 | 1 | 若環境允許，我會選擇使用數位電子看板 |
| | 2 | 若身邊周遭有數位電子看板時，會吸引我的目光 |
| | 3 | 在未來我會視使用數位電子看板服務為生活的一部分 |
| | 4 | 我非常期待使用數位電子看板服務 |
| | 5 | 整體而言，我有相當高的意願使用數位電子看板 |

### E. 人口統計變數

除了上述變數之外，本研究還參考人口統計變數，包含以下如表 5-12 所示。

表 5-12　人口統計之衡量題項

| 構面 | 題項 | 尺度 |
|---|---|---|
| 性別 | 男、女 | 名目尺度 |
| 年齡 | 14 歲以下、15～17 歲、18～22 歲、23～25 歲 、26～30 歲、31～35 歲、36 歲～40 歲、41 歲以上 | 順序尺度 |

| 教育程度 | 國小以下、國中、高中（職）、大專院校、研究所以上 | 名目尺度 |
| --- | --- | --- |
| 職業 | 學生、商業、教職人員、公務人員、服務業、製造業、家管、待業中、其他 | 名目尺度 |

資料來源：本研究統整

### （3）資料分析

採用問卷發放調查，作為資料蒐集的方式，即利用學校、人潮擁擠的公共場所來發放問卷。抽樣方法為非機率抽樣中的便利樣本（Convenience sample），在確定受測者具有觀看數位電子看板後，再進行問卷調查。本問卷發放日期為 2009 年 10 月 13 日至 2009 年 10 月 19 日，共計 7 日，總回收問卷為 40 份；剔除無效問卷後，有效問卷共計 40 份。

本問卷回收結果，以 SPSS 軟體進行統計分析。分別針對樣本結構之敘述分析、問卷題項之信度分析、相關係數檢定與迴歸分析。

#### A. 樣本結構之敘述性分析

將針對問卷內的各項問題進行次數分配、百分比、平均數及交叉分析，從中瞭解受測者對問卷問題反應的特性及分配情形，以及描述受訪者對數位電子看板認知及人口統計分布情形。

此部分之問卷發放回收後整體有效樣本為 40 份。統計的意義上，樣本的大小是取決於所希望樣本的代表性為何，本研究參考一個用來決定樣本大小的公式：

樣本大小＝0.25 ×（確定因子／可接受的誤差）2

而確定因子（certainty factor）是根據抽樣資料的變異與資料的確定度來決定，而確定因子之計算伴隨想要的確定度，如下所示：

| 想要的確定度 | 80% | 90% | 95% |
| --- | --- | --- | --- |
| 確定因子 | 1.281 | 1.645 | 1.960 |

由以上確定度及確定因子可算出，若想要的確定度是 90%的時候，有效樣本大小計算方式 SS，計算如下：

SS＝0.25 ×（1.645／0.1）2＝68

而在統計的經驗中，變異的標準可將原本公式中的 0.25，替換成 p（1-p），這時候重新帶入公式可求得樣本大小 SS 會變成：

SS＝p（1-p）（1.645／0.1）2＝0.1（1-0.1）（1.645／0.1）2＝25

由以上公式所帶出的結果可看出，本研究以想要的確定度為 90%的情況，在確定因子為 1.645 的時候，以兩種不同的計算方式，可得出所需要的樣本大小為 68 或是 25，兩者皆能代表統計所需的樣本數目。而本研究最後蒐集之整體有效樣本數為 40 份，介於兩種計算方式之間，推論可達 90%之有效確定度。

（A）問卷回收結果

本問卷發放日期為 2009 年 10 月 13 日至 2009 年 10 月 19 日，共計 7 日，總共發出問卷 45 份，回收問卷為 40 份，問卷回收率為 88.88％；剔除無效問卷 0 份，有效問卷共計 40 份，有效問卷回收率 100%，如表 5-13。

表 5-13　問卷回收結果

| 項目 | | 樣本數（人） | 百分比（%） |
|---|---|---|---|
| 回收問卷 | 無效問卷 | 0 | 0% |
| | 有效樣本 | 40 | 100% |
| 樣本回收率 | | 40 | 88.89% |
| 無回收問卷 | | 5 | 11.11% |
| 總計 | | 45 | 100% |

資料來源：本研究統整

（B）有效樣本的人口統計資料

本研究之「人口統計變量」分為二部分，包含「個人特徵」、「社會經濟特質」，本研究將以此二部分進行續數統計，並用次數分配與百分比描述樣本。其描述如下：

a. 個人特徵

本研究問卷調查之個人特質，包含性別、年齡、教育程度；如圖 5-5 所示。

性別

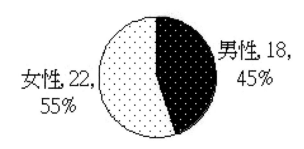

年齡

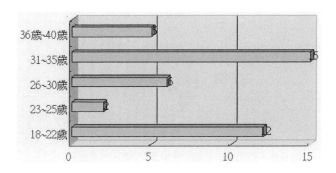

教育程度

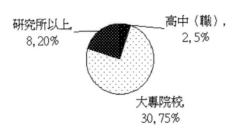

圖 5-5　數位電子看板使用者之個人特質

資料來源：本研究統整

　　在「個人特徵」表格中，性別部分以女性較男性受訪者多，共 22 人，占總樣本數的 55%；在年齡分布方面，以 31-35 歲所占比例最高，有 15 人，占總樣本的 37.5%，其次則是 18-22 歲的 30%；在教育程度方面，以大學生所占的比例最高，有 30 人，占總樣本數的 75%，次之則是研究所以上的 20%。因此，本研究樣本之「個人特徵」以女性居多（55%），年齡大多於 31-35 歲（37.5%），學歷則以大學、碩士（95%）為主。

　　b. 社會經濟特質

　　本研究問卷調查之社會經濟特質，針對職業來進行分類；如圖 5-6 所示。

社會經濟特質－職業

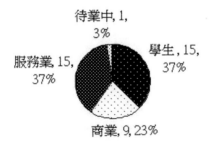

圖 5-6　數位電子看板使用者特徵之社會經濟特質

資料來源：本研究統整

在職業部分，以學生與服務業所占的比例最高，皆有 15 人，合計占總樣本的 75％，其次為商業部分的 22.5％，待業中 2.5％。而本研究樣本之社會經濟特徵其職業以學生與服務業的 75％為主，其次為商業部分的 22.5％。

（Ｃ）研究變數之平均數與標準差

a. 科技接受模式之統計分析

本研究在科技接受模式中分為兩個構面，知覺易用性其平均數於 4 以上，介於滿意與非常滿意之間；而知覺有用性及使用者使用態度與使用意願其平均數均在 3 以上，介於滿意與普通之間。參考表 5-16、表 5-17、表 5-18、表 5-19。

表 5-16　使用者接受模式知覺有用性平均數與標準差

| | 問題項目 | 平均數 | 標準差 |
|---|---|---|---|
| 知覺有用性　構面一 | 1.數位電子看板服務能夠有效支援我的需求 | 3.73 | 0.452 |
| | 2.使用數位電子看板，對我的工作或生活是有用的 | 3.70 | 0.464 |
| | 3.數位電子看板將有助於改善我的工作或生活品質 | 3.73 | 0.554 |
| | 4.數位電子看板能有助於提昇我的工作或生活效率 | 3.60 | 0.632 |
| | 5.整體而言，使用數位電子看板對我在資料的蒐集是有用的 | 4.00 | 0.389 |
| | 知覺有用性整體平均數 | 3.74 | |

資料來源：本研究統整

由上表可瞭解「知覺有用性」整體平均數為 3.74，表示使用者對於數位電子看板是否有用的認知介於滿意與普通之間。其中「整體而言，使用數位電子看板對我在資料的蒐集是有用的」對於使用者而言是滿意的。

表 5-17　使用者接受模式知覺易用性平均數與標準差

| | | 問題項目 | 平均數 | 標準差 |
|---|---|---|---|---|
| 知覺易用性 | 構面二 | 1.我認為使用數位電子看板是容易的 | 4.08 | 0.267 |
| | | 2.我認為使用數位電子看板查詢我要的資訊是容易的 | 3.83 | 0.549 |
| | | 3.對我而言，我可以輕易的熟練使用數位電子看板 | 3.90 | 0.496 |
| | | 4.學習使用數位電子看板不會花費我太多的心力 | 4.16 | 0.446 |
| | | 知覺易用性整體平均數 | 4.00 | |

資料來源：本研究統整

　　表 5-17 為使用者接受模式知覺易用性平均數與標準差，該構面整體平均數達 4.00，介於滿意與非常滿意之間，亦就是說使用者對於數位電子看板是否容易使用的滿意度是相當高的。其中「學習使用數位電子看板不會花費我太多的心力」平均數更高達 4.16，即表示對於使用者而言數位電子看板是容易使用的。

表 5-18　使用者使用態度平均數與標準差

| | | 問題項目 | 平均數 | 標準差 |
|---|---|---|---|---|
| 使用態度 | 構面三 | 1.我認為使用數位電子看板是好的想法 | 4.03 | 0.423 |
| | | 2.我對於使用數位電子看板是抱持正面的評價 | 3.90 | 0.545 |
| | | 3.我認為使用數位電子看板來查詢資訊是比較好的方式 | 3.68 | 0.474 |
| | | 4.我認為數位電子看板是值得大家來使用的 | 3.98 | 0.423 |
| | | 5.我認為使用數位電子看板來獲取資訊是一個愉快的經驗 | 3.78 | 0.423 |
| | | 使用態度整體平均數 | 3.87 | |

資料來源：本研究統整

　　針對使用者使用數位電子看板之使用態度，該構面整體平均數為 3.87，介於滿意與普通之間。其中「認為使用數位電子看板是好的想法」之平均數達 4.03。表示使用者多認為使用數位看板是好的。

表 5-19　使用者使用意願平均數與標準差

| | | 問題項目 | 平均數 | 標準差 |
|---|---|---|---|---|
| 使用意願 | 構面四 | 1.若環境允許，我會選擇使用數位電子看板 | 3.68 | 0.526 |
| | | 2.若身邊周遭有數位電子看板時，會吸引我的目光 | 4.18 | 0.501 |
| | | 3.在未來我會視使用數位電子看板服務為生活的一部分 | 3.50 | 0.555 |
| | | 4.我非常期待使用數位電子看板服務 | 3.78 | 0.530 |
| | | 5.整體而言，我有相當高的意願使用數位電子看板 | 4.13 | 0.516 |
| | | 使用意願整體平均數 | 3.85 | |

資料來源：本研究統整

表 5-19 則是使用者使用數位電子看板意願的平均數與標準差。其使用意願的整體平均數為 3.85，介於滿意與普通之間。題項中「若身邊周遭有數位電子看板時，會吸引我的目光」之平均數高達 4.18，其表示數位電子看板能夠有效的吸引使用者的目光，以達到傳遞資訊的效果。另外，「整體而言，我有相當高的意願使用數位電子看板」問項也充分顯示出使用者有高度的意願來使用數位電子看板。

B. 信度、效度分析

（A）信度分析

本研究以 Cronbach's α 來檢定問卷中的信度，根據 Guieford（1965）提出 α 係數的大小判斷所代表的可信程度，如表 5-20 所示。

表 5-20　α 係數大小所代表的可行程度表

| α 係數的大小 | 可信程度 |
|---|---|
| α＜0.30 | 不可信 |
| 0.30＜α≦0.40 | 初步的研究，勉強可信 |
| 0.40＜α≦0.50 | 稍微可信 |
| 0.50＜α≦0.70 | 可信（最常見的範圍） |
| 0.70＜α≦0.90 | 很可信（次常見的範圍） |
| 0.90＜α | 十分可信 |

資料來源：Guieford（1965）

本研究於表 5-21，各構面之 Cronbach's α 值分別為知覺有用性 0.641、知覺易用性 0.698、使用態度 0.629、使用意願 0.787。本研究各構面之 Cronbach's α 值皆在 0.6 以上，顯示出問卷各構面擁有可信度。

表 5-21 使用者接受度之 Cronbach's α 係數表

| 研究變項 | | Cronbach's α |
|---|---|---|
| 科技接受模式 | 知覺有用性 | 0.641 |
| | 知覺易用性 | 0.698 |
| 使用態度 | | 0.629 |
| 使用意願 | | 0.787 |

資料來源：本研究統整

（B）效度分析

效度一般來說分為內容效度與建構效度，是用以測量工具是否能有效測量出研究者所要的特性，以反映出切合研究主題及涵蓋足夠層面的程度，為主觀判斷。研究者依循理論架構與蒐集所有相關問題與變數，從中選擇能夠完整涵蓋所界定的研究範圍之問題，方能使問卷具備充分的內容效度（林師模、陳苑欽，2003）。本問卷乃經由相關文獻所建構而成，問卷中的題項大部分採用學者所衡量項目，故具有相當理論基礎，應具有內容效度。

在建構效度部分，利用因素檢定時將採用 Kasier（1974）之看法，以 KMO 值的大小作為參考之依據，當 KMO 值大於 0.6 即可進行因素分析，當數值越大，則顯示共同性越高。

本研究各構面之 KMO 值分別為知覺有用性 0.627、知覺易用性 0.696、使用態度 0.629、使用意願 0.771，其各構面之 KMO 值皆大於 0.6。參考表 5-22、表 5-23、表 5-24、表 5-25。

表 5-22　使用者知覺有用性效度分析

| | | 問題項目 | 因素負荷量 | | KMO 值 |
|---|---|---|---|---|---|
| 知覺有用性 | 構面一 | 1. 數位電子看板服務能夠有效支援我的需求 | 0.678 | | 0.627 |
| | | 2. 使用數位電子看板，對我的工作或生活是有用的 | 0.682 | | |
| | | 3. 數位電子看板將有助於改善我的工作或生活品質 | | 0.905 | |
| | | 4. 數位電子看板能有助於提昇我的工作或生活效率 | | 0.758 | |
| | | 5. 整體而言，使用數位電子看板對我在資料的蒐集是有用的 | 0.835 | | |

資料來源：本研究統整

表 5-23　使用者知覺易用性效度分析

| | | 問題項目 | 因素負荷量 | KMO 值 |
|---|---|---|---|---|
| 知覺易用性 | 構面一 | 1.我認為使用數位電子看板是容易的 | 0.746 | 0.696 |
| | | 2.我認為使用數位電子看板查詢我要的資訊是容易的 | 0.741 | |
| | | 3.對我而言，我可以輕易的熟練使用數位電子看板 | 0.737 | |
| | | 4.學習使用數位電子看板不會花費我太多的心力 | 0.738 | |

資料來源：本研究統整

表 5-24　使用者使用態度效度分析

| | | 問題項目 | 因素負荷量 | KMO 值 |
|---|---|---|---|---|
| 使用態度 | 構面三 | 1. 我認為使用數位電子看板是好的想法 | 0.695 | 0.629 |
| | | 2. 我對於使用數位電子看板是抱持正面的評價 | 0.756 | |
| | | 3. 我認為使用數位電子看板來查詢資訊是比較好的方式 | 0.587 | |
| | | 4. 我認為數位電子看板是值得大家來使用的 | 0.462 | |
| | | 5. 我認為使用數位電子看板來獲取資訊是一個愉快的經驗 | 0.649 | |

資料來源：本研究統整

表 5-25　使用者使用意願效度分析

| | 問題項目 | 因素負荷量 | KMO 值 |
|---|---|---|---|
| 使用意願 構面四 | 1. 若環境允許，我會選擇使用數位電子看板 | 0.858 | 0.771 |
| | 2. 若身邊周遭有數位電子看板時，會吸引我的目光 | 0.622 | |
| | 3. 在未來我會視使用數位電子看板服務為生活的一部分 | 0.703 | |
| | 4. 我非常期待使用數位電子看板服務 | 0.741 | |
| | 5. 整體而言，我有相當高的意願使用數位電子看板 | 0.745 | |

資料來源：本研究統整

### C. 相關係數分析

　　相關分析的目的在描述兩個連續變數的線性關係，而迴歸則是基於兩個變項之間的線性關係，進一步分析兩個變項之間的預測關係（邱皓政，2002）；相關係數（Correlation coefficient）是一個介於-1 與 1 之間的數，若兩者的相關係數為-1，則為絕對負相關關係；若為 1，則為絕對正相關；當相關係數為 0 時，則表示兩個沒有關聯。

　　本研究所使用的相關分析為皮爾森（Pearson）相關係數的檢定，從係數大小可以指出兩變數關係的密切程度，相關係數越高則彼此間愈密切，反之則愈無線性關係。

表 5-26　使用者科技模式特性因素與研究構念之 Pearson 表

| | 知覺有用性 | 知覺易用性 | 使用態度 | 使用意願 |
|---|---|---|---|---|
| 知覺有用性 | 1 | | | |
| 知覺易用性 | 0.238 | 1 | | |
| 使用態度 | 0.338* | 0.179 | 1 | |
| 使用意願 | 0.385* | 0.256 | 0.232 | 1 |

註：*在顯著水準為 0.05 時（雙尾），相關顯著。

資料來源：本研究統整

　　由上表的資料可以發現知覺有用性對於使用態度與使用意願間的關係較為密切。其表示數位電子看板對使用者而言是否能有效的提高績效、能否增進生活品質會影響其使用數位電子看板的態度與意願。若越有用則使用的意願與態度也會增加。

### D. 迴歸分析

　　迴歸分析（Regression Analysis）是以一個或是一組自變數（預測變相，X），來預測一個數值的依變數（被預測變相，Y），而只有一個自變數稱為簡單迴歸，若使用一組自變數則稱為多元迴歸或複迴歸。

### （A）「知覺易用性」對於「知覺有用性」之影響

　　針對「知覺易用性」對於「知覺有用性」之影響，利用迴歸分析來檢定「知覺易用性」對於「知覺有用性」是否有顯著影響。並採用95%的信賴度，加以檢定。

　　由表 5-27 得知，在採取 95%的信賴度下，「知覺易用性」對「知覺有用性」所得 T 值皆達到顯著水準，代表「知覺有用性」對「知覺易用性」之解釋能力具有統計意義，在統計學的觀點中達到顯著的影響。從整體看來，F 值為 2.279，達到顯著水準，因此我們可以說「知覺易用性」會影響「知覺有用性」。

表 5-27　「知覺易用性」對於「知覺有用性」之迴歸分析表

| 依變數 | 自變數 | 標準化 β 係數 | T 值 | 假設成立與否 |
|---|---|---|---|---|
| 知覺有用性 | 知覺易用性 | 0.238 | 4.484* | H1 成立 |
| F 值＝2.279 | | | | |
| 調整後 R2＝0.032 | | | | |

注：*代表 P＜0.05；**代表 P＜0.01；***代表 P＜0.001

　　由以上的統計支持，所以假設 H1 推論成立。

　　H1：使用者對於數位電子看板的「知覺易用性」會影響其對數位電子看板的「知覺有用性」。

（B）「知覺有用性」對於數位電子看板「使用態度」之影響

針對「知覺有用性」對於數位電子看板「使用態度」之影響，利用迴歸分析來檢定「知覺有用性」對於「使用態度」是否有顯著影響。並採用 95%的信賴度，加以檢定。

由表 5-28 得知，在採取 95%的信賴度下，在科技接受模式構面部分，「知覺有用性」對數位電子看板的「採用態度」所得 T 值皆達到顯著水準，代表「知覺有用性」對「採用態度」之解釋能力具有統計意義，在統計學的觀點中達到顯著的影響。從整體看來，F 值為 4.909，達到顯著水準，因此我們可以說科技接受模式的「知覺有用性」會影響「採用態度」。

表 5-28 「知覺有用性」對於數位電子看板「使用態度」之迴歸分析表

| 依變數 | 自變數 | 標準化 β 係數 | T 值 | 假設成立與否 |
|---|---|---|---|---|
| 採用態度 | 知覺有用性 | 0.338 | 5.289* | 成立 |
| F 值＝4.909 | | | | |
| 調整後 R2＝0.091 | | | | |

注：*代表 P＜0.05；**代表 P＜0.01；***代表 P＜0.001

資料來源：本研究統整

由以上的統計支持，所以假設 H1 推論成立。

H2：使用者對於數位電子看板的「知覺有用性」會影響其對數位電子看板的「使用態度」。

（C）「知覺易用性」對於數位電子看板「使用態度」之影響

針對「知覺易用性」對於數位電子看板「使用態度」之影響，利用迴歸分析來檢定「知覺易用性」對於「使用態度」是否有顯著影響。並採用 95%的信賴度，加以檢定。

由表 5-29 得知，在採取 95%的信賴度下，在科技接受模式構面之「知覺易用性」分別對數位電子看板的「採用態度」所得 T 值皆達到顯

著水準，代表「知覺易用性」對「採用態度」之解釋能力具有統計意義，在統計學的觀點中達到顯著的影響。從整體看來，F 值為 1.257，達到顯著水準，因此我們可以說科技接受模式的「知覺易用性」會影響「採用態度」。

表 5-29　「知覺易用性」對於數位電子看板「使用態度」之迴歸分析表

| 依變數 | 自變數 | 標準化 β 係數 | T 值 | 假設成立與否 |
|---|---|---|---|---|
| 採用態度 | 知覺易用性 | 0.179 | 5.673* | 成立 |
| F 值＝1.257 | | | | |
| 調整後 R2＝0.007 | | | | |

注：*代表 P＜0.05；**代表 P＜0.01；***代表 P＜0.001

資料來源：本研究統整

由以上的統計支持，所以假設 H1 推論成立。

H3：使用者對於數位電子看板的「知覺易用性」會影響其對數位電子看板的「使用態度」。

（D）數位電子看板「使用態度」對數位電子看板「使用意願」之影響

數位電子看板「使用態度」對數位電子看板「使用意願」之影響，利用迴歸分析來檢定「使用態度」對於「使用意願」是否有顯著影響。並採用 95％的信賴度，加以檢定。

由表 5-30 得知，在採取 95％的信賴度下，數位電子看板的「使用意願」對數位電子看板的「採用態度」所得 T 值皆達到顯著水準，代表「使用意願」對「採用態度」之解釋能力具有統計意義，在統計學的觀點中達到顯著的影響。從整體看來，F 值為 2.160，達到顯著水準，因此我們可以說科技接受模式的「使用意願」會影響「採用態度」。

表 5-30　「使用態度」對「使用意願」之迴歸分析表

| 依變數 | 自變數 | 標準化 β 係數 | T 值 | 假設成立與否 |
|---|---|---|---|---|
| 使用意願 | 使用態度 | 0.232 | 3.286* | 成立 |
| F 值＝2.160 | | | | |
| 調整後 R2＝0.15 | | | | |

注：*代表 P＜0.05；**代表 P＜0.01；***代表 P＜0.001

資料來源：本研究統整

　　由以上的統計支持，所以假設 H1 推論成立。

　　H4：使用者對於數位電子看板的「使用態度」會影響其對數位電子看板的「使用意願」。

　　（E）「知覺有用性」對數位電子看板「使用意願」之影響

　　「知覺有用性」對數位電子看板「使用意願」之影響，利用迴歸分析來檢定「知覺有用性」對於數位電子看板「使用意願」是否有顯著影響。並採用 95％的信賴度，加以檢定。

　　由表 5-31 得知，在採取 95％的信賴度下，「知覺有用性」對數位電子看板的「使用意願」所得 T 值皆達到顯著水準，代表「知覺有用性」對數位電子看板「使用意願」的解釋能力具有統計意義，在統計學的觀點中達到顯著的影響。從整體看來，F 值為 6.615，達到顯著水準，因此我們可以說科技接受模式的「使用意願」會影響「採用態度」。

表 5-31　「知覺有用性」對「使用意願」之迴歸分析表

| 依變數 | 自變數 | 標準化 β 係數 | T 值 | 假設成立與否 |
|---|---|---|---|---|
| 使用意願 | 知覺有用性 | 0.385 | 3.185* | 成立 |
| F 值＝6.615 | | | | |
| 調整後 R2＝0.148 | | | | |

注：*代表 P＜0.05；**代表 P＜0.01；***代表 P＜0.001

資料來源：本研究統整

由以上的統計支持，所以假設 H1 推論成立。

H5：使用者對於數位電子看板的「知覺有用性」會影響其對數位電子看板的「使用意願」。

# 第四節　結論與建議

任何創新服務都是在資源有限的情況下發展的〔26〕，因此，如何分配資源通常都是創新服務成功的關鍵所在。經過此次的研究，我們有效的掌握服務發展的走勢與關鍵的決策指標，其有助於數位電子看板服務提昇其服務的品質，於發展時更容易讓使用者接受。

本研究與誠品書店實踐大學門市合作，以觀察實踐大學師生與大直地區社區居民對於數位電子看板的接受度為主。整體的電腦及數位電子看板由實踐大學所提供，看板播放系統則由資策會提供，由誠品書店提供數位電子看板播放之內容；將其整套數位電子看板擺放於誠品書店實踐大學門市的門口，並在實驗期間提供整體設備與系統運作的維護。

此服務驗證係依照使用者的需求與服務內容進行問卷分析，以及利用錄影記錄實際人數，並針對其結果進行影響因素之評估。主要著重於使用者對於數位電子看板服務的接受度衡量、該服務畫面之編排、內容形式可以發展之方向以及環境建構上需進行哪些調整等。

# 一、使用者接受度

　　使用者對於數位電子看板服務的接受度，主要可以分為實際觀測人數以及問卷調查結果分析。在實際觀測人數可從表5-5中得知，觀測的36天內其中有觀看數位電子看板之人數為21,870人，平均每日有607.5人會觀看數位電子看板；每日開啟數位電子看板之時間為12小時左右，平均每小時會有50.62人次會觀看。其使用者對於數位電子看板服務的實際接受度相當高。

　　另外，問卷調查之結果分析，可以參考表5-16、表5-17、表5-18、表5-19。其針對數位電子看板是否容易使用的平均數為4，介於滿意與非常滿意之間；而認為數位電子看板是否有用的平均數為3.74；在使用數位電子看板時對其態度之平均數為3.87；對於數位電子看板日後的使用意願平均數為3.85，介於普通與滿意之間。即表示使用者對於數位電子看板多可以接受。

# 二、畫面編排

　　一個數位電子看板尺寸大小，會影響其對於畫面編排，要如何在有限的條件下創造出最適當的呈現方式是相當重要的。

　　此外若欲播放內容的複雜性，亦會影響到整體畫面編排。簡單來說，若欲播放之內容包含了三種以上的方式如文字、圖片、動畫等，當過於複雜時對於使用者而言，可能會感到視線過於雜亂而不去使用數位

電子看板之服務，故要如何編排規劃出最適當的畫面，對於發展數位電子看板服務是需要關注且深入瞭解的。

## 三、內容形式

　　內容的播放型式於表 5-4 所示，主要可包含文字、圖片、動畫、文字加圖片、文字加動畫、圖片加動畫、文字加圖片加動畫。於使用者需求分析問卷中之訊息內容呈現方式題項的資料統整後發現 52%的使用者最喜歡的呈現方式為文字加圖片加動畫；其次則是全動畫的 25.3%；排名最低的則是文字，僅只有 3.3%的使用者喜歡。詳情請參考圖 5-7。可以得知，當在考慮看板內容的呈現方式可以文字加圖片加動畫的方式去呈現內容。

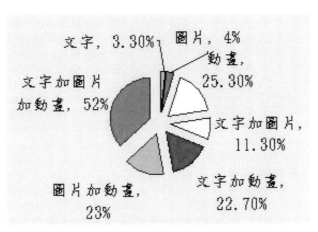

圖 5-7　喜歡的數位電子看板內容形式

資料來源：本研究統整

## 四、環境建構

　　對於環境的建構,主要會受到螢幕大小、螢幕放置位置與動線規劃的影響。其中螢幕的大小藉由使用者需求分析問卷中之喜歡的數位電子看板外型的題項瞭解到,多數的使用者偏愛長方型大螢幕(37吋以上)其為總人數的52%。詳情請參考圖5-8。

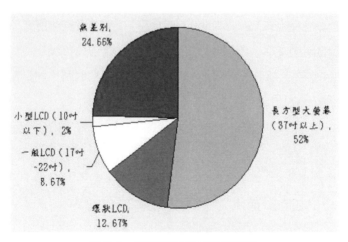

圖5-8　數位電子看板外型統計

資料來源:本研究統整

　　由上表可得知,在發展數位電子看板時,可以長方型大螢幕(37吋以上)作為推廣的主要尺寸。另外,表5-4中也可以發現,螢幕的尺寸影響最為明顯。在受到尺寸之限制下要如何建構出最適當的環境,是數位電子看板需要仔細思考的。

# 五、結論

　　創新服務的成功，並非單純的提供服務功能給消費者，而是強調以顧客為導向，並加強顧客在服務發展與規劃的參與度（資策會，2008）。本研究以學生與社區居民為實證對象，於校園建構一個可與商家合作之數位看板應用之實證場域與服務驗證。在實證服務方面，依據研究分析結果，整體而言，使用者認為使用數位電子看板在資料的蒐集是有用的；學習使用數位電子看板不會花費使用者太多的心力；使用者認為使用數位電子看板是好的想法；若身邊周遭有數位電子看板會吸引其目光。研究結果也顯示，服務提供者亦可藉由數位電子看板的實證結果，瞭解使用者的心態和市場需求與動向，如在不同時段，都會有相同或不同年齡層、不同職業的消費者存在，因此未來可以嘗試依內容的種類在不同時段播放，以增加播放內容的豐富度。或在假日和非假日或尖峰與離峰時段，針對消費者之顯著不同，對應其播放之內容型態。

　　本研究之最終目的為提昇數位電子看板服務品質，於發展時更容易讓使用者接受，並能對服務發展的走勢與關鍵的決策指標具掌握性。但對服務內容提供者，在發展數位電子看板服務需特別注重，例如以文字加圖片加動畫編排規劃出最適當的畫面、呈現方式，和以長方型大螢幕（37吋以上）為主要推廣尺寸等。針對本研究之實體環境面，在服務安裝時發生顯示器故障之問題，其嚴重影響數位電子看板播放的美觀與使用者觀看的意願。故在架設時需要特別注意顯示器的品質，避免造成不必要的影響。

　　數位電子看板在國內之發展尚屬萌芽期，目前尚缺乏以觸控式為主的數位電子看板，因此本研究僅以單方面播放數位媒體內容的看板為

主。但隨著電子書之興起發展，未來可探討電子看板如何與使用者進行互動（interactive）。再者，數位電子看板服務的未來發展，最終要回歸到該服務能否明確提供給使用者獨特的價值、滿足使用者的使用需求，進而在有限的環境與時間內爭取他們的注意力，讓他們願意持續使用數位電子看板的服務，使其成為生活的習慣，這將是未來數位電子看板創新服務的努力方向。

## 六、建議

針對本研究之實體環境面來探討，在本服務安裝時發生顯示器故障之問題，其嚴重影響數位電子看板播放的美觀與使用者觀看的意願。故在架設時需要特別注意顯示器的品質，避免造成不必要的影響。

另外，其男女辨識之系統需要再進行加強的工作。由表 5-7 中發現實際觀看者多為男性，但與女性人數比較後會發現，男女實際的數量落差太大。這可能是偵測系統比對之問題，故針對該系統需要再進行更精確的調整。

# 第六章　結論與建議

## 第一節　結論

　　本研究主要係針對數位電子看板互動技術服務驗證分析，內容包含「使用者需求分析」、「商家需求分析」與「服務驗證分析」。由於數位電子看板以其多媒體呈現效果，已逐漸取代傳統平面媒體看板市場，然而廣告主較難掌握經過之人流、實際觀看人數等重要的資料。故本計畫依據資策會所發展之數位電子看板之前台互動技術與應用，透過即時觀看偵測，並透過分析歸納新型態行銷互動看板技術應用之服務驗證。

　　為使研發之技術與應用能切合使用者需求（行銷單位、消費者、使用者等），以學生與社區居民為實證對象，並與實踐大學誠品書局門市部合作，於校園建構一個可與商家合作之數位看板互動應用之實證場域與服務實驗計畫。

## 一、使用者需求分析

　　依據本研究在使用者需求分析實證中所獲得之結論，經整合研究結果，提供以下建議給相關數位電子看板業者在日後發展行銷活動上，可提供較佳的方案或建議作為參考。

# （一）提供更多符合使用者個人化需求的資訊服務：強化有用性

在現階段可看到許多新興的數位電子看板，然而商家的推動與使用者實際使用情形，彼此仍存極大差異。主要是數位電子看板缺乏個人化誘因，無法讓使用者滿足切身效益。因針對不同目標市場，以功能性導向提供個人化的服務。因此，商家業者必須藉由更具特色、提供關鍵的數位電子看板內容來吸引使用者的目光。如通勤族為例，在對數位電子看板服務需求與使用意願度方面，在通勤時段，可播放關於交通資訊、時間顯示等。因此，數位電子看板應符合使用者個人切身需求，提供便利的資訊服務，刺激使用者使用的動機，對使用者採用數位電子看板的態度及意願將有很大助益。

# （二）數位電子看板與環境的互動性，應列為數位電子看板重要發展的方向

本研究發現數位電子看板與環境彼此間存在影響關係，當在播放數位電子看板內容中，與在播放場所使用者注意的程度相關，亦可利用數位電子看板播放場所適時播放一些重要資訊，也可為業者發展可能的行銷方向，即隨時隨地提供社會大眾需要的資訊，以提高數位電子看板效益。

數位電子看板裝置基礎建設慢慢在台灣增加當中，當基礎舖設成熟，亦會促使數位電子看板其中的一些發展商機，會讓商家在進行行銷活動時更積極投入在數位電子看板當中，無形之中形成的商業模式會帶

給使用者對數位電子看板使用上感受「有用性」。如此良性循環的結果，將可預見數位電子看板這項新科技蓬勃發展。


## 二、商家需求分析

依據本研究在商家需求分析實證中所獲得之結論，經整合研究結果，提供以下建議給相關數位電子看板業者在日後發展行銷活動上，可提供較佳的方案或建議作為參考。

根據研究結果，代表商家業者均覺得數位電子對於公司的營收、形象和競爭力是有幫助的。未來必須藉由更具特色、提供關鍵的數位電子看板內容來吸引顧客的目光。因此數位電子看板應符合使用者個人切身需求，提供便利的資訊服務，刺激使用的動機，是商家日後在經營管理制定策略方面或行銷發展上重要的發展方向。

本研究發現數位電子看板與主觀規範彼此間存在相互影響關係，當政府推廣數位電子看板或產業內，與在播放場所使用者注意的程度相關，亦可利用數位電子看板播放場所適時播放一些重要資訊，也可為業者發展可能的行銷方向，即隨時隨地提供社會大眾需要的資訊，以提高數位電子看板效益。

數位電子看板裝置基礎建設慢慢在台灣增加當中，當基礎舖設成熟，亦會促使數位電子看板其中的一些發展商機，會讓商家在進行行銷活動時更積極投入在數位電子看板當中，無形之中形成的商業模式會帶給商家對數位電子看板使用上感受「有用性」。如此良性循環的結果，將可預見數位電子看板這項新科技蓬勃發展。

# 三、服務驗證

　　本計畫服務驗證係依照使用者的需求與服務內容進行問卷分析，以及利用錄影記錄實際人數，並針對其結果進行影響因素之評估。主要著重於使用者對於數位電子看板服務的接受度衡量、該服務畫面之編排、內容形式可以發展之方向以及環境建構上需進行哪些調整等。

## （一）使用者接受度

　　使用者對於數位電子看板服務的接受度，主要可以分為實際觀測人數以及問卷調查結果分析。在實際觀測人數可從表 5-5 中得知，觀測的 36 天內其中有觀看數位電子看板之人數為 21,870 人，平均每日有 607.5 人會觀看數位電子看板；每日開啟數位電子看板之時間為 12 小時左右，平均每小時會有 50.62 人次會觀看。其使用者對於數位電子看板服務的實際接受度相當高。

## （二）畫面編排

　　一個數位電子看板尺寸大小，會影響其對於畫面編排，要如何在有限的條件下創造出最適當的呈現方式是相當重要的。

　　此外若欲播放內容的複雜性，亦會影響到整體畫面編排。簡單來說，若欲播放之內容包含了三種以上的方式如文字、圖片、動畫等，當

過於複雜時對於使用者而言，可能會感到視線過於雜亂而不去使用數位電子看板之服務，故要如何編排規劃出最適當的畫面，對於發展數位電子看板服務是需要關注且深入瞭解的。

## （三）內容形式

數位電子看板內容方式呈現方式，主要可包含文字、圖片、動畫、文字加圖片、文字加動畫、圖片加動畫、文字加圖片加動畫。於使用者需求分析問卷中之訊息內容呈現方式題項的資料統整後發現 52%的使用者最喜歡的呈現方式為文字加圖片加動畫；其次則是全動畫的25.3%；排名最低的則是文字，僅只有 3.3%的使用者喜歡。未來當在考慮看板內容的呈現方式可以文字加圖片加動畫的方式去呈現內容。

## （四）環境建構

數位電子看板環境的建構，主要會受到外型螢幕大小、螢幕放置位置與動線規劃的影響。其中螢幕的大小藉由使用者需求分析問卷中之喜歡的數位電子看板外型的題項瞭解到，多數的使用者偏愛長方型大螢幕（37 吋以上）其為總人數的 52%。未來，在發展數位電子看板時，可以長方型大螢幕（37 吋以上）作為推廣的主要尺寸。另外，在受到尺寸之限制下要如何建構出最適當的環境，是數位電子看板需要仔細思考的。

無論數位電子看板服務的發展為何，其最終要回歸到該服務能否明確提供給使用者獨特的價值、滿足使用者的使用需求，進而在有限的環境與時間內爭取他們的注意力，讓他們願意持續使用數位電子看板的服

務，使其成為生活的習慣。這將是數位電子看板服務未來必須持續關注與思考的方向。

# 第二節　建議事項

## 一、研究限制

根據整體研究過程中所受限的部分，提出以下說明：

1. 目前國內缺乏觸控式的數位電子看板，電子看板普遍未能與使用者進行互動（Interactive），而本研究僅以單方面播放數位媒體內容的看板來研究，並未對此方面進行探討。

2. 本計畫與誠品書店實踐大學門市合作，受限於數位電子看板大小與誠品書店內部空間環境，播放內容的呈現和擺放的位置均會受到影響。目前計畫屬於實驗性質，看板播放之內容是由誠品書店來提供，無法針對在特定時段上播放內容的種類（包含文字、圖片、動畫、文字加圖片、文字加動畫、文字加圖片加動畫等）來進一步的實測，以提昇資料上的分析。

　　在誠品書店的數位電子看板播放器上有安裝人臉偵測、性別辨識、人流計次之系統，以 Web Cam 詳細記錄了觀看人數與性別資訊，但透過表 5-7 統整後可發現男性在各時段占總人數比例 90%以上，甚至到 100%，明顯超過女性，顯示了性別辨識系統之功能有待商榷。因此在性別分析這部分無法對本研究提供有效的解釋性。

3. 在問卷調查方面，由於每位受訪者對於問卷題目所瞭解程度不盡相同，因此可能導致在問題認知上有所差異，而對整個研究結果品質造成些許影響。

## 二、未來展望

### （一）改進問題

1. 商家在不同時段，都會有相同或不同年齡層、不同職業的消費者存在，因此未來可以嘗試依內容的種類在不同時段播放，而非重複播放同性質的內容，增加播放內容的豐富度。例如在假日和非假日，其消費者會有顯著不同，故研究時可視假日和非假日各自不同的消費族群，對應其播放之內容型態。除假日和非假日外，尖峰與離峰時段也會影響播放內容。

2. 系統可以對應觀看者的性別即時更換播放的內容。未來研究可導入多人辨識系統，當一群人在看板前觀看時，系統應該要以什麼為依據來決定要播放的內容，都是值得討論的議題。

### （二）樣本抽樣改進

本研究樣本的分布在各層級上分配並不平均，因為本研究驗證地點為大直學區內，主要來往民眾以學生族群較多，例如使用者需求調查中，職業以學生居多；商家需求調查中，公司類型集中在資訊類與餐飲類。因此建議後續研究能拓展到民生社區，以區域內的商家多樣性，希

望能擴大樣本規模及商家產業類型的完整性，使各層級抽樣的比例相差不會太大，以增加解釋能力。

## （三）擴展應用範圍

本研究針對數位電子看板的使用者需求與商家需求兩個構面來探討，而在數位電子看板的持續發展下，所能提供的資訊內容與服務將更為多樣化，在互動性方面更趨於客制化；在市場認知逐漸普及下，所能應用的環境更加彈性。因此未來研究可從更多面向來探討。

## （四）訪談實體應用

未來合作的廠商，可由我們提供實體工具及看板播放之內容，如此可有效掌握實體環境與觀看者的反應，並以訪談方式調查，對資料蒐集上更加靈活；對已有實際使用的產業組織進行個案分析，提供更有效的評量工具。

## （五）購買意願與實際購買

數位電子看板提供了新的產品展現方式，以商家而言，目的就是為了吸引消費者來促銷產品，因此未來可針對所播放的各種內容，區別觀看者的人數是否對消費者進入商家購買內容中的商品有顯著影響。

# 參 考 文 獻

## 中文文獻

1. 邱皓政（2002），量化研究與統計分析：SPSS 中文視窗版資料分析範例解析，台北，五南出版社。

2. 周斯畏、張又介（2007），影響知識創造的整合模式：資訊科技創新觀點，中華民國資訊管理學報，第 14 卷，專刊：87～111 頁。

3. 陸佩芝（2009），數位電子看板廣告呈現方式與播放環境對廣告效果之影響，國立中山大學傳播管理研究所碩士論文。

4. 陳巧雲（2009），NFC 近端商務服務正夯 數位看板 商機滾滾，創新發現誌，2009.4 月號。

5. 陳家祥、鄒鴻泰（2008），資訊科技採納對新產品開發成功之影響，中華民國資訊管理學報，第 15 卷，第 1 期：1～28 頁。

6. 黃武元、葉道明、楊敦州（2004），利用多媒體電子看板促進課後學習之研究，研習資訊，第 21 卷第 3 期。

7. 張芬瑜（2005），數位顯訊器之產業結構與競爭動態分析，國立台灣大學國際企業學研究所碩士論文。

8. 劉美君（2009），合作打群架的新時代——Digital Signage 的成長動力，工研院電子報，第 9809 期。

9. 劉軒佑、蕭淑玲、黃宣龍、陳鴻基（2009），客戶導向之服務發展整合方法論之探討，產業與管理論壇，第 11 卷第 1 期。

10. 廖則竣、陶蓓麗、陳巧蕓（2006），運用資訊科技獲致價值創新的階段模式之研究，中華民國資訊管理學報，第 13 卷，第 1 期：109～135 頁。

11. 資策會創研所（2008），服務體驗工程方法指引（研究篇），經濟部技術處出版，財團法人資訊工業策進會編撰。

12. 資策會創研所（2008），服務體驗工程方法指引（實務篇），經濟部技術處出版，財團法人資訊工業策進會編撰。

13. 數位家庭（2009），〈打敗不景氣數位電子看板一枝獨秀〉，4 月，4～7 頁。

14. 數位家庭（2009），〈邁向智慧型數位生活〉，10 月，No.3，8～11 頁。

15. 數位家庭　（2010），＜數位電子看板　科技生活大未來＞，3 月，No.1。

16. 魏益權（2006），數位看板占領新視界，工商時報，資訊科技周刊。

# 英文文獻

17. Adams, D. A., Nelson, R. R., & Todd, P. A.（1992）. Perceived usefulness, ease of use, and usage of information technology: A replication. *MIS Quarterly*, 16, 227-247.

18. Agarwal, R. & Prasad, J.（1998）, "The antecedents and consequents of user perceptions in information technology adoption", Decision Support Systems, Jan98, Vol.22, Issue 1, pp.15.

19. Ajzen, I. & Fishbein, M.（1980）, "Understanding attitudes and predicting social behavior", Englewood Cliffs, NJ: Prentice-Hall.

20. Bezjian, A., Calder, A. and Iacobucci, D.（1998）, "New media interactive advertising vs. traditional advertising", Journal of Advertising Research, Vol. 38, No. 4（July）, pp.23-32.

21. Bullinger, H. J., Fahnrich, K. P., & Meiren, T.（2003）, "Service engineering-methodical development of new service products", Int. J. Production Economics 85, pp.275-287.

22. Davis, F. D.（1986）. A Technology Acceptance Model for Empirically Testing New End-User Information Systems: Theory and Results, Doctorial dissertation, MIT Sloan School of Management, Cambridge, MA.

23. Davis, F. D.（1989）, "Perceived Usefulness, perceived ease of use, and user information technology", MIS Quarterly, September, pp.319-340.

24. Davis, F. D., Bagozzi, R. P. & Warshaw, P. R.（1989）, "User acceptance of computer technology: a comparison of two theoretical models", Management Science35（8）, August, pp.982-1003.

25. Davis F. D. & Venkatesh V.（2000）, "A theoretical extension of the technology acceptance model: for longitudinal field studies", Management Science, Vol. 46, No.2, pp.186-204.

26. Fahnrich, K. P., Meiren, T., Barth, T., Hertweck, A., Baumeister, M., Demub, L., Gaiser, B., Zerr, K.（1999）, "Service Engineering. Ergebnisse einer empirischen Studie zum Stand der Dienstleistungsentwicklung in Deutschland".IRB-Verlag, Stuttgart .

27. Fisbein, M., & Ajzen, I.（1975）. Belief, Attitude, Intention, and Behavior: an Introduction to Theory and Research. Reading, MA: Addison-Wesley.

28. Harrison, J. V. & Andrusiewicz, A.（2003）, "An emerging marketplace for digital advertising based on amalgamated digital signage networks. E-Commerce", IEEE International Conference on e-Commence, pp.149-156.

29. Hsiao, S. & Yang, H. L.（2008）, "New Service Development Methodology in Perspective of Service Engineering", International Conference on Business and Information.

30. Igbaria, M., Nancy, Z., Paul, C. and L. M. C. Angele（1997）, "Personal Computing Acceptance Factors in Small Firms: A Structural Equation Model," MIS Quarterly, 279-302.

31. Moore, G. C. & Benbasat, I.（1991）, "Development of an Instrument to Measure the Perception of Adopting an Information Technology Innovation" , Information Systems Research, Vol. 2, No. 3, pp.192-222.

32. Moore, G. C.（1995）. Inside the Tornado: Marketing Strategies from Silicon Valley's Cutting Edge, US.

33. Moon J. W. & Kim, Y. G.（2001）, "Extending the TAM for a World-Wide-Web context", Information & Management, Vol.38, pp.217-230.

34. Porter, M. E.（1980）. Competitive Strategy: Techniques for Analyzing Industries and Competitors, Free Press, New York.

35. Premkumar, G. & King, W.（1994）, "Organizational Characteristics and Information Systems Planning: An Empirical Study", Information Systems Research. Vol. 5, No. 2, June 1994, pp. 75-109.

36. Robertson, T. S.（1967）, "The Process of Innovation and the Diffusion of Innovation", Journal of Marketing, 31（January）, pp.1-19.

37. Rogers, E. M.（1962）, "Diffusion of Innovations". Glencoe: Free Press.

38. Rogers, E. M.（1995）, "Diffusion of innovations", 4th ed, The Free Press.

39. Rycroft, R.W. & Kash, D.（1999）, "Managing complex networks--key to 21st century innovation success", Research Technology Management, Washington: May/Jun 1999. Vol. 42, Iss. 3; p.13.

40. Raymond, R. B.（2005）, "The Third Wave of Marketing Intelligence", Springer.

41. Schumann, P. A., et al,（1994）. Innovation：straight path to quality, customer delight & competitive advantage, McGraw-Hill

42. Spohrer, J. & Maglio, P.（2005）, "Emergence of Service Science: Services Sciences, Management, Engineering as the Next Frontier in Innovation", Japan SSME Workshop, Tokyo, Sept 8.

43. Taylor, S. & Todd, P. A.（1995）, "Understanding information technology usage: A test of competing models", Information System Research, Vol.6, No.2, pp.144-176.

44. Tullamn, M.（2004）, "Ready For Take Off Getting Beyond The Pilot In Dynamic Digital Signage", Systems Contractor News New York, p. 62.

45. Wilson, M.（2004）, "Signage Goes Digital", Chain Store Age, pp.75-76.

46. Venkatesh, V. & Morris, M. G.（2000）, "Why Don't Men Ever Stop to Ask for Directions? Gender, Social Influence, and Their Role in Technology Acceptance and Usage Behavior", MIS Quarterly 24（1）, pp.115-139.

47. Venkatesh, V., Morris, M. G., Davis, G. B. & Davis, F. D.（2003）, "User acceptance of information technology: Toward a unified view", MIS Quarterly, No.27, pp.425-478.

48. Wertime, K. & Fenwick, I. （2008）, "DigiMarketing: the Essential Guide to New Media & Digital Marketing", John Wiley & Sons.

## 參考網站

1. 平面顯示器產業資訊網：Http://www.display.org.tw/
2. DIGITIMES：Http://www.digitimes.com.tw

# 附錄一　使用者需求分析問卷問卷調查表

親愛的先生／小姐您好：

　　這是一份純學術性的研究問卷，主要目的是在探討「消費者對於數位電子看板使用者需求研究」。您的寶貴意見將是本研究的重要關鍵，懇切的期盼您能在百忙中撥空填答此問卷，使本研究能在您的協助下順利完成。

　　本次調查資料完全供作學術研究之用，絕不會對外公開，請您安心填答。在此誠懇地感謝您的協助，相信由於您的鼎力合作與參與，將使本研究之結果更臻於完美與更具參考價值，並達成研究目標。謝謝！

　　敬祝

　　心想事成　萬事如意

　　　　　　　　　　　　　　　實踐大學資訊科技與管理研究所

　　　　　　　　　　　　　　　指導教授：李瑞元博士

　　　　　　　　　　　　　　　研　究　生：彭群媛、劉懿萱

　　「數位電子看板」是指在公共場所中數位電視播放媒體，其特質擁有高品質的影片、動畫、圖像與文字的呈現，以豐富的多媒體的視聽效果，結合廣告及資訊的方式，供以一般消費者一個新型態數位電子看板。

　　以功能與用途來區分可分為以下幾類：

## 1.數位廣告展示

　　提供動態廣告內容、櫥窗海報與促銷方案、特賣產品資訊等等，廣泛運用在大賣場、超市、速食店餐廳藥局等地。

## 2. 公共資訊看板

主要在公共領域的資訊發布與即時訊息更新、遊客導覽或新聞、廣告，遍布為其機場、捷運站、電梯等。

## 3. 企業溝通平台

傳遞企業對外溝通的橋樑，如銀行的即時匯率或商品廣告、股市交易站的股市與產業即時訊息等；許多企業也用於內部訊息公告、教育訓練或生產看板管理。

## 4. 互動式數位看板

提供消費者選擇想看或想瞭解的訊息，另外更提供店家和使用者之間的溝通平台。

請問您是否聽過「數位電子看板」？□是　□否

不論您有無聽過「數位電子看板」，請就您對「數位電子看板」的認知，在適當的□內勾選。本問卷分為五部分，第一部分為您對「數位電子看板」相關的「知覺」，第二部分為「態度」、「使用意願」，第三部分為「播放環境」，第四部分為「播放內容」，第五部分為個人基本資料，本問卷只需填寫五分鐘。

## 第一部分　您對數位電子看板的看法

請問您最期望數位電子看板的訊息功用為何？（單選）
　□提供產品資訊　□紓解生活壓力　□增加與朋友聊天時的話題
　□打發時間　　　□激勵人心

請問您平常觀看數位電子看板廣告內容之頻率為何？

　□極少觀賞　□不常觀賞　□普通　□常觀賞　□極常觀賞

| | 非常不同意 | 不同意 | 無意見 | 同意 | 非常同意 |
|---|---|---|---|---|---|
| 數位電子看板將有助於改善我的工作或生活品質 | □ | □ | □ | □ | □ |
| 數位電子看板能有助於提昇我的工作或生活效率 | □ | □ | □ | □ | □ |
| 觀看數位電子看板，對我的工作或生活是有用的 | □ | □ | □ | □ | □ |
| 觀看數位電子看板能讓我容易掌握時下的資訊 | □ | □ | □ | □ | □ |

## 第二部分　您對數位電子看板觀看意願

| | | | | | |
|---|---|---|---|---|---|
| 數位電子看板是我喜歡的資訊訊息來源 | □ | □ | □ | □ | □ |
| 數位電子看板可帶給我娛樂的效果 | □ | □ | □ | □ | □ |
| 數位電子看板可提供與自己喜好相關的產品資訊 | □ | □ | □ | □ | □ |
| 使用數位電子看板令我心情愉悅可提供滿足個人的需求的資訊 | □ | □ | □ | □ | □ |
| 我可以容易和其他人談論數位電子看板的資訊 | □ | □ | □ | □ | □ |
| 我可以查覺出數位電子看板所帶來的效益 | □ | □ | □ | □ | □ |
| 數位電子看板會提供產品更新資訊 | □ | □ | □ | □ | □ |
| 數位電子看板是一個便利提供產品資訊的管道 | □ | □ | □ | □ | □ |
| 數位電子看板可提供我有價值的資訊 | □ | □ | □ | □ | □ |
| 數位電子看板會幫助我擬定正確的購買決策 | □ | □ | □ | □ | □ |
| 整體而言，我認為數位電子看板是一個優質媒體 | □ | □ | □ | □ | □ |
| 數位電子看板提供的訊息能讓我信賴 | □ | □ | □ | □ | □ |
| 若身邊周遭有數位電子看板時，會吸引我的目光 | □ | □ | □ | □ | □ |
| 觀看數位電子看板的資訊可以滿足我求知的慾望 | □ | □ | □ | □ | □ |
| 我會想把數位電子看板推薦給我朋友 | □ | □ | □ | □ | □ |

## 第三部分　您對數位電子看板播放的環境

1. 請問您在哪些地方觀看過數位電子看板廣告？（可複選）

　□餐廳、快餐店　□理髮院　□百貨公司　□大賣場　□捷運

　□公車　□便利超商　□加油站　□學校　□辦公大樓　□ATM

2. 請問您喜歡的數位電子看板外型?

　□長方形大螢幕（37吋以上）　□環狀 LCD

　□一般 LCD（17吋～22吋）□無差別

　□小型 LCD（10吋以下）數位電子看板

## 第四部分　您對數位電子看板播放的內容

1. 請問您認為數位電子看板播放何種訊息內容能吸引您的目光？
   （可複選）

　□休閒運動類　□美妝保養類　□流行時尚類　□3C數位產品類

　□財經金融類　□食品飲料類

2. 請問您喜歡的數位電子看板內容畫面配置方式應該為？（可複選）

　□純文字　□純圖片　□全動畫　□文字＋圖片　□文字＋動畫

　□圖片＋動畫　□文字＋圖片＋動畫　□一般廣告

## 第五部分　個人基本資料

1. 請問您的性別？

　　□男　□女


2. 請問您的年齡？

　　□14 歲以下　□15～17 歲　□18～22 歲　□23～25 歲　□26～30 歲
　　□31～35 歲　□36～40 歲　□41 歲以上


3. 請問您的教育程度？

　　□國小以下　□國中　□高中（職）　□大專院校　□研究所以上


4. 請問您的職業？

　　□學生　□商業　□教職人員　□公務人員　□服務業　□製造業
　　□家管　□待業中　□其他＿＿＿＿＿（請填寫）

# 附錄二　商家需求分析問卷問卷調查表

親愛的先生／小姐您好：

　　這是一份純學術性的研究問卷，主要目的是在探討「商家對於數位電子看板使用者需求研究」。您的寶貴意見將是本研究的重要關鍵，懇切的期盼您能在百忙中撥空填答此問卷，使本研究能在您的協助下順利完成。

　　本次調查資料完全供作學術研究之用，絕不會對外公開，請您安心填答。本問卷只需填寫五分鐘。在此誠懇地感謝您的協助，相信由於您的鼎力合作與參與，將使本研究之結果更臻於完美與更具參考價值，並達成研究目標。謝謝！

　　敬祝

　　心想事成　萬事如意

實踐大學資訊科技與管理研究所

指導教授：李瑞元博士

研　究　生：彭群媛、劉懿萱

　　「數位電子看板」是指在公共場所中數位電視播放媒體，其特質擁有高品質的影片、動畫、圖像與文字的呈現，以豐富的多媒體的視聽效果，結合廣告及資訊的方式，供以一般消費者一個新型態數位電子看板。

　　以功能與用途來區分可分為以下幾項：

## 1. 數位廣告展示

　　提供動態廣告內容、櫥窗海報與促銷方案、特賣產品資訊等等，廣泛運用在大賣場、超市、速食店餐廳藥局等地。

## 2. 公共資訊看板

主要在公共區域的資訊發布與即時訊息更新、遊客導覽或新聞、廣告，遍布為其機場、捷運站、電梯等。

## 3. 企業溝通平台

傳遞企業對外溝通的橋樑，如銀行的即時匯率或商品廣告、股市交易站的股市與產業即時訊息等；許多企業也用於內部訊息公告、教育訓練或生產看板管理。

## 4. 互動式數位看板

提供消費者選擇想看或想瞭解的訊息，另外更提供店家和使用者之間的溝通平台。

請問您是否聽過「數位電子看板」？
　□是　□否

您希望「數位電子看板」放置場所？
　□固定式（店面）　□流動性（計程車）　□戶外大型看板

您希望「數位電子看板」外觀大小？
　□長方形大螢幕（37 吋以上）　□一般 LCD（17 吋～22 吋）
　□數位相框　□小型 LCD（10 吋以下）數位電子看板

您希望「數位電子看板」服務形式？
　□觸控式　□數位相框　□戶外大型數位電子看板　□ibon（7-11）
　□數位電子看板（32 吋以上）

　　不論您有無聽過「數位電子看板」，請就您對「數位電子看板」的認知，在適當的□內勾選。

## 第一部分　數位電子看板的服務

|  | 非常不同意 | 不同意 | 無意見 | 同意 | 非常同意 |
|---|---|---|---|---|---|
| 我認為數位電子看板可以提供更多行銷所需的即時資訊 | □ | □ | □ | □ | □ |
| 我認為數位電子看板可以提昇公司的營收管道 | □ | □ | □ | □ | □ |
| 我認為數位電子看板可以增進公司的形象 | □ | □ | □ | □ | □ |
| 我認為數位電子看板可以提高公司的競爭力 | □ | □ | □ | □ | □ |

## 第二部分　您對數位電子看板使用性

| | | | | | |
|---|---|---|---|---|---|
| 我認為數位電子看板使用是簡單的 | □ | □ | □ | □ | □ |
| 我認為數位電子看板使用是容易學習的 | □ | □ | □ | □ | □ |
| 我認為數位電子看板的特性是清楚易懂的 | □ | □ | □ | □ | □ |

## 第三部分　數位電子看板是否符合公司的價值觀、習慣與需求

| | | | | | |
|---|---|---|---|---|---|
| 我認為採用數位電子看板與公司的推廣理念信念一致 | □ | □ | □ | □ | □ |
| 我認為採用數位電子看板能與公司行銷模式相容 | □ | □ | □ | □ | □ |
| 我認為採用數位電子看板能符合公司營運管理的需求 | □ | □ | □ | □ | □ |

## 第四部分　數位電子看板的使用是否會受到外部影響

我認為政府推廣數位電子看板會增加使用數位電子看板的意圖　☐ ☐ ☐ ☐ ☐

我認為政府補助資金會增加公司使用數位電子看板使用的意圖　☐ ☐ ☐ ☐ ☐

我認為同業推廣數位電子看板會增加公司使用數位電子看板的 ☐ ☐ ☐ ☐ ☐
意圖

我認為競爭者先使用數位電子看板會增加公司使用數位電子看板 ☐ ☐ ☐ ☐ ☐
的意圖

## 第五部分　您對數位電子看板的正面或負面的感覺

整體而言，我對於公司使用數位電子看板是好的想法　　　☐ ☐ ☐ ☐ ☐

整體而言，我對於公司使用數位電子看板是正面的評價　　☐ ☐ ☐ ☐ ☐

整體而言，我支持公司使用數位電子看板　　　　　　　　☐ ☐ ☐ ☐ ☐

## 第六部分　您對數位電子看板主觀意願強度

我認為公司未來會願意使用數位電子看板　　　　　　　　☐ ☐ ☐ ☐ ☐

我認為公司將來會主動使用數位電子看板　　　　　　　　☐ ☐ ☐ ☐ ☐

我認為公司未來會要求或建議使用數位電子看板　　　　　☐ ☐ ☐ ☐ ☐

## 第七部分　基本資料

請問您的性別？

　　☐男　☐女

請問您經營的公司類型？

　　□資通訊　□餐飲類　□文創　□服飾　□零售業　□其他

請問貴公司的員工人數約為？

　　□3 人以下　□4-10 人　□10-20 人　□20 人-30 人　□30 以上

# 附錄三　服務實證分析問卷問卷調查表

親愛的先生／小姐您好：

　　這是一份純學術性的研究問卷，主要目的是在探討「消費者對於數位電子看板使用者需求研究」。您的寶貴意見將是本研究的重要關鍵，懇切的期盼您能在百忙中撥空填答此問卷，使本研究能在您的協助下順利完成。

　　本次調查資料完全供作學術研究之用，絕不會對外公開，請您安心填答。在此誠懇地感謝您的協助，相信由於您的鼎力合作與參與，將使本研究之結果更臻於完美與更具參考價值，並達成研究目標。謝謝！

　　敬祝

　　心想事成　萬事如意

實踐大學資訊科技與管理研究所

指導教授：李瑞元博士

研　究　生：彭群媛、劉懿萱

　　「數位電子看板」是指在公共場所中數位電視播放媒體，其特質擁有高品質的影片、動畫、圖像與文字的呈現，以豐富的多媒體的視聽效果，結合廣告及資訊的方式，供以一般消費者一個新型態數位電子看板。

　　以功能與用途來區分可分為以下幾類：

## 1. 數位廣告展示

　　提供動態廣告內容、櫥窗海報與促銷方案、特賣產品資訊等等，廣泛運用在大賣場、超市、速食店餐廳藥局等地。

## 2. 公共資訊看板

　　主要在公共領域的資訊發布與即時訊息更新、遊客導覽或新聞、廣告，遍布為其機場、捷運站、電梯等。

## 3. 企業溝通平台

　　傳遞企業對外溝通的橋樑，如銀行的即時匯率或商品廣告、股市交易站的股市與產業即時訊息等；許多企業也用於內部訊息公告、教育訓練或生產看板管理。

## 4. 互動式數位看板

　　提供消費者選擇想看或想瞭解的訊息，另外更提供店家和使用者之間的溝通平台。

　　請就您對「數位電子看板」的認知，在適當的□內勾選。本問卷分為五部分，第一部分為您對「數位電子看板」相關的「知覺有用性」，第二部分為「知覺有用性」，第三部分為「使用態度」，第四部分為「使用意願」，第五部分為個人基本資料，本問卷只需填寫五分鐘。

## 第一部分　知覺有用性

| 請在適當的□內勾選 | 非常不滿易 | 不滿意 | 沒意見 | 滿意 | 非常滿意 |
|---|---|---|---|---|---|
| 1.數位電子看板服務能夠有效支援我的需求 | □ | □ | □ | □ | □ |
| 2.使用數位電子看板，對我的工作或生活是有用的 | □ | □ | □ | □ | □ |
| 3.數位電子看板將有助於改善我的工作或生活品質 | □ | □ | □ | □ | □ |
| 4.數位電子看板能有助於提昇我的工作或生活效率 | □ | □ | □ | □ | □ |
| 5.整體而言，使用數位電子看板對我在資料的蒐集是有用的 | □ | □ | □ | □ | □ |

## 第二部分　知覺易用性

| 請在適當的□內勾選 | 非常不滿易 | 不滿意 | 沒意見 | 滿意 | 非常滿意 |
|---|---|---|---|---|---|
| 1.我認為使用數位電子看板是容易的 | □ | □ | □ | □ | □ |
| 2.我認為使用數位電子看板查詢我要的資訊是容易的 | □ | □ | □ | □ | □ |
| 3.對我而言，我可以輕易的熟練使用數位電子看板 | □ | □ | □ | □ | □ |
| 4.學習使用數位電子看板不會花費我太多的心力 | □ | □ | □ | □ | □ |

## 第三部分　使用態度

| | 非常不滿易 | 不滿意 | 沒意見 | 滿意 | 非常滿意 |
|---|---|---|---|---|---|
| 請在適當的□內勾選 | | | | | |
| 1.我認為使用數位電子看板是好的想法 | □ | □ | □ | □ | □ |
| 2.我對於使用數位電子看板是抱持正面的評價 | □ | □ | □ | □ | □ |
| 3.我認為使用數位電子看板來查詢資訊是比較好的方式 | □ | □ | □ | □ | □ |
| 4.我認為數位電子看板是值得大家來使用的 | □ | □ | □ | □ | □ |
| 5.我認為使用數位電子看板來獲取資訊是一個愉快的經驗 | □ | □ | □ | □ | □ |

## 第四部分　使用意願

| | 非常不滿易 | 不滿意 | 沒意見 | 滿意 | 非常滿意 |
|---|---|---|---|---|---|
| 請在適當的□內勾選 | | | | | |
| 1.若環境允許，我會選擇使用數位電子看板 | □ | □ | □ | □ | □ |
| 2.若身邊周遭有數位電子看板時，會吸引我的目光 | □ | □ | □ | □ | □ |
| 3.在未來我會視使用數位電子看板服務為生活的一部分 | □ | □ | □ | □ | □ |
| 4.我非常期待使用數位電子看板服務 | □ | □ | □ | □ | □ |
| 5.整體而言，我有相當高的意願使用數位電子看板 | □ | □ | □ | □ | □ |

## 第五部分　個人基本資料

1.請問您的性別？

　　□男　　□女

2.請問您的年齡?

　　□14 歲以下　　□15～17 歲　　□18～22 歲　　□23～25 歲　　□26～30 歲

　　□31～35 歲　　□36～40 歲　　□41 歲以上

3.請問您的教育程度?

　　□國小以下　　□國中　　□高中（職）　　□大專院校　　□研究所以上

4.請問您的職業?

　　□學生　　□商業　　□教職人員　　□公務人員　　□服務業　　□製造業

　　□家管　　□待業中　　□其他＿＿＿＿＿＿＿（請填寫）

國家圖書館出版品預行編目

數位電子看板之創新服務實證研究 / 李瑞元著. --
一版. -- 臺北市：秀威資訊科技, 2010.07
　　面；　公分. --（實踐大學數位出版合作系列.
應用科學類；AB0011）

BOD 版
參考書目：面
ISBN 978-986-221-519-7（平裝）

　1. 電子媒體廣告

497.4　　　　　　　　　　　　　　99011071

實踐大學數位出版合作系列
應用科學類　AB0011

# ▌數位電子看板之創新服務 實證研究

編 著 者　李瑞元
統籌策劃　葉立誠
文字編輯　王雯珊
視覺設計　賴怡勳
執行編輯　林泰宏
圖文排版　陳宛鈴
數位轉譯　徐真玉　　沈裕閔
圖書銷售　林怡君
法律顧問　毛國樑　律師
發 行 人　宋政坤
出版發行　秀威資訊科技股份有限公司
　　　　　台北市內湖區瑞光路 583 巷 25 號 1 樓
　　　　　電話：（02）2657-9211
　　　　　傳真：（02）2657-9106
　　　　　E-mail：service@showwe.com.tw

2010 年 7 月
BOD 一版
定價：300 元

# 讀 者 回 函 卡

感謝您購買本書，為提升服務品質，請填妥以下資料，將讀者回函卡直接寄回或傳真本公司，收到您的寶貴意見後，我們會收藏記錄及檢討，謝謝！
如您需要了解本公司最新出版書目、購書優惠或企劃活動，歡迎您上網查詢或下載相關資料：http:// www.showwe.com.tw

您購買的書名：＿＿＿＿＿＿＿＿＿＿＿＿＿＿＿＿＿＿＿＿＿＿＿

出生日期：＿＿＿＿＿年＿＿＿＿＿月＿＿＿＿＿日

學歷：□高中 (含) 以下　　□大專　　□研究所 (含) 以上

職業：□製造業　□金融業　□資訊業　□軍警　□傳播業　□自由業
　　　□服務業　□公務員　□教職　　□學生　□家管　　□其它＿＿＿

購書地點：□網路書店　□實體書店　□書展　□郵購　□贈閱　□其他

您從何得知本書的消息？

□網路書店　□實體書店　□網路搜尋　□電子報　□書訊　□雜誌

□傳播媒體　□親友推薦　□網站推薦　□部落格　□其他＿＿＿＿＿＿

您對本書的評價：（請填代號　1.非常滿意　2.滿意　3.尚可　4.再改進）

　　封面設計＿＿＿　版面編排＿＿＿　內容＿＿＿　文／譯筆＿＿＿　價格＿＿＿

讀完書後您覺得：

□很有收穫　□有收穫　□收穫不多　□沒收穫

對我們的建議：＿＿＿＿＿＿＿＿＿＿＿＿＿＿＿＿＿＿＿＿＿＿＿

＿＿＿＿＿＿＿＿＿＿＿＿＿＿＿＿＿＿＿＿＿＿＿＿＿＿＿＿＿＿＿

＿＿＿＿＿＿＿＿＿＿＿＿＿＿＿＿＿＿＿＿＿＿＿＿＿＿＿＿＿＿＿

＿＿＿＿＿＿＿＿＿＿＿＿＿＿＿＿＿＿＿＿＿＿＿＿＿＿＿＿＿＿＿

11466
台北市內湖區瑞光路 76 巷 65 號 1 樓

**秀威資訊科技股份有限公司** 收
BOD 數位出版事業部

......................................................................
（請沿線對折寄回，謝謝！）

姓　　名：＿＿＿＿＿＿＿＿　年齡：＿＿＿＿　性別：□女　□男

郵遞區號：□□□□□

地　　址：＿＿＿＿＿＿＿＿＿＿＿＿＿＿＿＿

聯絡電話：(日)＿＿＿＿＿＿＿＿　(夜)＿＿＿＿＿＿＿＿

E-mail：＿＿＿＿＿＿＿＿＿＿＿＿＿＿＿＿